山东省近岸海域生物多样性调查和评价工具书

SHANDONG SHENG JIN'AN HAIYU
SHENGWU DUOYANGXING DIAOCHA HE PINGJIA
GONGJUSHU

于晓霞　李玲玲　张均龙　王占金 / 主编
谢　刚　彭岩波　张亚峰 / 主审

中国环境出版集团 · 北京

图书在版编目（CIP）数据

山东省近岸海域生物多样性调查和评价工具书 / 于晓霞等主编. -- 北京 : 中国环境出版集团, 2025. 1.
ISBN 978-7-5111-6038-6
Ⅰ. P745
中国国家版本馆CIP数据核字第2024W63X05号

责任编辑 宾银平
封面设计 彭 杉

出版发行 中国环境出版集团
（100062 北京市东城区广渠门内大街 16 号）
网 址：http://www.cesp.com.cn
电子邮箱：bjgl@cesp.com.cn
联系电话：010-67112765（编辑管理部）
发行热线：010-67125803，010-67113405（传真）
印 刷 北京建宏印刷有限公司
经 销 各地新华书店
版 次 2025 年 1 月第 1 版
印 次 2025 年 1 月第 1 次印刷
开 本 787×960 1/16
印 张 9.5
字 数 130 千字
定 价 68.00 元

《山东省近岸海域生物多样性调查和评价工具书》
编 委 会

《山东省近岸海域生物多样性调查和评价工具书》
编委会

主　编：[illegible]

副主编：[illegible]

参编人员（按姓氏笔画排序）：

[illegible]

主　审：[illegible]

前　言

山东省濒临渤海、黄海，海域空间广阔，在海洋资源、海洋产业、海洋科技等方面优势突出。近年来，山东省典型海洋生态系统长期呈亚健康状态，表现在生态环境恶化、生物栖息地缩小、物种灭绝速度加快、食物网结构单一、生态系统结构脆弱等方面。2020 年 9 月 30 日，习近平主席在联合国生物多样性峰会上指出，大家共同探讨保护生物多样性、促进可持续发展的重大课题，具有现实而深远的意义。为贯彻落实习近平总书记指导思想，以及《中国生物多样性保护战略与行动计划（2023—2030 年）》《中共中央　国务院关于全面推进美丽中国建设的意见》《山东省生物多样性保护战略与行动计划（2021—2030 年）》等国家及省级规划要求，山东省开展了一系列海洋生态环境和生物多样性调查评价相关工作。

在黄河口海域生物多样性前期调查工作中，调查人员发现有些调查项目无法按照现行规范操作。由于部分技术规范编写时间较早，存在技术要求不统一、缺乏特定物种调查方法和先进技术应用、缺乏面向海洋生态管理的评价方法等问题。面对这些不足，山东省生态环境规划院组织中国科学院海洋研究所、中国科学院海岸带研究所以及山东省海洋资源与环境研究院成立编制组，按照边试点调查边改进完善的原则，以黄河口试点调查工作为基础，形成了“黄河口海域生物多样性调查技术要求”，调查成果得到权威专家的高度认可，认为“形成的技术要求为调查开展提供了统一的技术遵循，确保了调查结果的科学性和准确性”。编制组在总结黄河口试点调查经验基础上，本着为山东省提供“系统全面、科学规范、可操作性强”的近岸海域生物多样性调查和评价工具书的目的，完善形成了本工具书。

本工具书是用于山东省近岸海域生物多样性调查和评价的汇编性书籍。其具有以下特点：一是系统全面。本工具书贯通了生物多样性调查—标本制作—样品保存—图谱制作—数据整编汇交—综合评价等全流程，覆盖了潮上带、潮间带、潮下带等近岸海域全区域；涵盖了近海食物链主要生物和生存环境，是国内目前最系统全面的近海（特别是北方海域）生物多样性调查和评价工具书。二是科学规范。本工具书参考了 50 余部现行标准规范，结合相关文献及图书报道编制，首次明确了滨海湿地水鸟及潮间带鱼类监测、海洋环境 DNA 监测、生物标本与图谱制作、调查数据汇交等方面的规范，填补了海洋调查与成果集成方面的空白，便于调查数据融合共享。三是可操作性强。本工具书基于山东省海洋生态环境特点、仪器设备配备水平和科学研究进展，细化了站位布设、频次要求、样品采集和分析鉴定等方面的技术要求，可操作性明显增强；探索性提出了反映海洋生物多样性变化趋势、表征海洋生态改善成效等方面的评价方法，便于将调查评价成果直接应用于海洋生态环境管理。

《山东省近岸海域生物多样性调查和评价工具书》作为参考性工具书，规定了山东省近岸海域生物多样性调查和评价的技术方法，以及调查数据整编、生物标本制作、调查报告编制和生物图谱编制等要求，适用于山东省近岸海域及岛屿生物多样性调查和评价。

由于涉及内容广泛，本书难免存在不足或遗漏之处，敬请读者批评指正。

编者

2024 年 10 月

目 录

1 适用范围

本工具书规定了山东省近岸海域生物多样性调查和评价的技术方法，以及调查数据整编、生物标本制作、调查报告编制和生物图鉴编制等要求。

本工具书适用于山东省近岸海域及岛屿生物多样性调查和评价工作。

2 规范性引用文件

本工具书引用了下列文件中的条款。凡未注明日期的引用文件，其有效版本适用于本工具书。凡注明日期的引用文件，仅注日期的版本适用于本工具书。

GB 3097—1997 海水水质标准

GB 17378.3 海洋监测规范 第 3 部分：样品采集、贮存与运输

GB 17378.4 海洋监测规范 第 4 部分：海水分析

GB 17378.5 海洋监测规范 第 5 部分：沉积物分析

GB 17378.7 海洋监测规范 第 7 部分：近海污染生态调查和生物监测

GB 18668—2002 海洋沉积物质量

GB/T 12763.2 海洋调查规范 第 2 部分：海洋水文观测

GB/T 12763.3 海洋调查规范 第 3 部分：海洋气象观测

GB/T 12763.4 海洋调查规范 第 4 部分：海水化学要素调查

GB/T 12763.5 海洋调查规范 第 5 部分：海洋声、光要素调查

GB/T 12763.6　海洋调查规范　第 6 部分：海洋生物调查

GB/T 12763.8　海洋调查规范　第 8 部分：海洋地质地球物理调查

GB/T 12763.9　海洋调查规范　第 9 部分：海洋生态调查指南

GB/T 12763.10　海洋调查规范　第 10 部分：海底地形地貌调查

GB/T 12763.11　海洋调查规范　第 11 部分：海洋工程地质调查

GB/T 15918　海洋学综合术语

GB/T 15919　海洋学术语　海洋生物学

GB/T 30989　高通量基因测序技术规程

GB/T 34656　海洋沉积物间隙生物调查规范

GB/T 36197　土壤质量　土壤采样技术指南

GB/T 42485　土壤质量　土壤硝态氮、亚硝态氮和铵态氮的测定　氯化钾溶液浸提手工分析法

GB/T 42631　近岸海洋生态健康评价指南

GB/T 42639　潮间带调查规范

HJ 91.2　地表水环境质量监测技术规范

HJ 442.4　近岸海域环境监测技术规范　第四部分　近岸海域沉积物监测

HJ 442.6　近岸海域环境监测技术规范　第六部分　近岸海域生物监测

HJ 506　水质　溶解氧的测定　电化学探头法

HJ 628　生物遗传资源采集技术规范（试行）

HJ 710.1　生物多样性观测技术导则　陆生维管植物

HJ 710.8　生物多样性观测技术导则　淡水底栖大型无脊椎动物

HJ 730　近岸海域环境监测点位布设技术规范

HJ 802　土壤　电导率的测定　电极法

HJ 710.4　生物多样性观测技术导则　鸟类

HJ 1068　土壤　粒度的测定　吸液管法和比重计法

HJ 1169　全国生态状况调查评估技术规范——湿地生态系统野外观测

HJ 1300　海水、海洋沉积物和海洋生物质量评价技术规范

HJ/T 166　土壤环境监测技术规范

HY/T 058　海洋调查观测监测档案业务规范

HY/T 083　海草床生态监测技术规程

HY/T 140　海洋微型底栖生物调查规范

HY/T 147.1　海洋监测技术规程　第 1 部分：海水

HY/T 147.2　海洋监测技术规程　第 2 部分：沉积物

HY/T 147.5　海洋监测技术规程　第 5 部分：海洋生态

HY/T 215　近岸海域海洋生物多样性评价技术指南

LY/T 1219　森林土壤温度的测定

LY/T 2258—2014　立木生物量建模方法技术规程

LY/T 2259—2014　立木生物量建模样本采集技术规程

NY/T 1121.4　土壤检测　第 4 部分：土壤容重的测定

NY/T 1121.24　土壤检测　第 24 部分：土壤全氮的测定　自动定氮仪法

DB21/T 3365　斑海豹野外种群及栖息地监测技术规程

DB23/T 3226　湿地鸟类生物多样性监测技术规程

DB32/T 4539—2023　淡水生物环境 DNA 监测技术方法

DB37/T 4418　近岸海域环境监测站位布设技术规范

T/CAOE 20.4　海岸带生态系统现状调查与评估技术导则　第 4 部分：盐沼

SC/T 9402　淡水浮游生物调查技术规范

SC/T 9403　海洋渔业资源调查规范

3　术语和定义

下列术语和定义适用于本工具书。

3.1　近岸海域　coastal area

与大陆、岛屿、群岛等海岸相毗连，《中华人民共和国领海及毗连区法》规定的领海外部界限向陆一侧的海域，渤海近岸海域为沿岸低潮线向海 12 n mile[①]以内的海域。

［来源：HJ 730—2014］

3.2　潮下带　subtidal zone

平均大潮低潮位以下向海延伸的潮滩区域。

［来源：GB/T 15918—2010］

3.3　潮间带　intertidal zone

位于平均大潮高、低潮之间的海水覆盖的区域。

［来源：GB/T 15918—2010］

3.4　潮上带　supratidal zone

位于平均大潮高潮位以上，特大潮汛和风暴潮海水可以淹没及激浪海水可以溅到的范围。

［来源：GB/T 15918—2010］

3.5　海洋沉积物　marine sediment

在地壳表层地质作用下由母岩（岩浆岩、变质岩、先成的沉积岩）的风化产物、生物来源物质、火山物质、宇宙物质等原始物质经过搬运、

① n mile 指海里，1 n mile=1.852 km。

沉降或沉淀等作用，在海岸带或海底基底上呈松散状未固结的堆积物。

［来源：GB/T 34656—2017］

3.6 浮游生物 plankton

缺乏发达的运动器官，没有或仅有微弱的运动能力，悬浮在水层中，常随水流移动的生物。包括浮游植物和浮游动物两大类。

此外，鱼类浮游生物（ichthyoplankton）即为鱼卵和仔稚鱼。

［来源：GB/T 12763.6—2007］

3.7 底栖生物 benthos

栖息在水域基底表面或底内的生物。在海洋中，这类生物自潮间带至水深大于万米以上的超深渊带（深海沟底部）都有分布，是海洋生物中种类最多的一个生态类型，包括大多数海洋动物门类，大型和微型定生海藻类和海洋种子植物。

依个体的大小，凡被孔径为 0.5 mm 套筛网目所截留的生物，称为大型底栖生物（macrobenthos）。凡能通过孔径为 0.5 mm 套筛网目，而被孔径为 0.042 mm 或 0.031 mm 套筛网目所截留的生物，称为小型底栖生物（meiobenthos）。凡被 0.2 μm 滤膜截留的所有的单细胞原核、真核微型生物，称为微型底栖生物（microbenthos）。

［来源：GB/T 12763.6—2007；GB/T 34656—2017］

3.8 游泳生物 nekton

具有发达的运动器官，在水层中能克服水流阻力自由游动的生物。

［来源：GB/T 15919—2010］

3.9 微生物 microbe

一群个体微小、结构简单、生理类型多样的单细胞或多细胞的低等生物，包括属于原核生物类的细菌、放线菌、支原体、立克次体、衣原体和蓝细菌，属于真核生物类的真菌（酵母菌和霉菌）、原生动物和显微藻类，以及属于非细胞生物类的病毒、类病毒和朊病毒。

［来源：GB/T 12763.6—2007］

3.10 群落结构 community structure

是生物群落总体水平上的特征之一，也是群落一系列属性中最主要的一项。群落结构包括营养结构、空间结构（垂直分布和水平分布）、时间结构（昼夜节律和季节性分布）和物种结构等各个方面。

［来源：HJ 442.6—2020］

3.11 优势种 dominant species

指生态系统或群落中，数量多、出现频率高的物种。

［来源：HJ 442.6—2020］

3.12 种类多样性 species diversity

以一个群落中物种的数目及它们的相对多寡为衡量的指标，既包括群落中现存物种的数目，也包括物种的相对多度（均度），即群落内或生态系统中物种的多寡和不均匀性。

［来源：HJ 442.6—2020］

3.13 均匀度 evenness

反映群落结构均匀性的指数。

［来源：HJ 442.6—2020］

3.14 丰度 richness

表示群落（或样品）中种类丰富程度的指数。

［来源：HJ 442.6—2020］

3.15 生态健康 ecosystem health

生态系统保持其自然属性，维持生物多样性和关键生态过程稳定，并持续发挥其服务功能。

［来源：GB/T 42631—2023］

3.16 生物图谱 atlas of organisms

生物图谱是按系统分类编制的生物图集，是可以通过图像具象了解生物的一种形式，根据生物描绘或摄制而成。

3.17 环境 DNA environmental DNA

环境介质（水、土壤、沉积物、生物膜、空气等）或混合生物组织中存在的脱氧核糖核酸（DNA）等生物遗传物质。

［来源：DB32/T 4539—2023］

4 一般规定要求

4.1 调查用计量器具要求

4.1.1 调查仪器设备

（1）在调查前应对调查仪器设备逐一进行检查，确保仪器设备状况良好。

（2）国产仪器设备的生产单位应取得由国家有关质量技术监督部门颁发的“制造计量器具许可证”或型式批准证书；属研制、开发的科研样机的仪器设备应经授权的国家法定计量机构鉴定合格。

（3）进口仪器设备应经国务院计量行政部门型式批准，由我国权威机构出具质量认定证书。

（4）仪器设备应送授权的法定计量检定机构检定或校准，进行计量认证；没有授权机构的，由持有单位按合法化的自校或互校方法进行自校或互校。为保证调查数据质量，仪器设备应在检定、校准证书有效期内使用。

（5）无法在室内检定、校准的仪器设备，应与传统仪器进行现场比对，考察其有效性。

（6）对测量中需定标的仪器，应按规定定标，并列入操作程序。

（7）调查仪器设备的运输、安装、布放、操作、维护，应按其使用说明书的规定进行。

4.1.2 标准物质

调查用标准物质应满足以下要求：

（1）调查中应使用具有定级证书的标准物质。

（2）标准物质应标明批号，且在使用有效期内使用。

（3）没有标准物质产品的项目，应经专门人员、以专用仪器和实验室，用具有出厂检验合格证且在有效使用期内化学试剂配置，并经互校或比对确认符合要求。

4.2 数据资料整理

调查资料整理是指对历史调查资料进行收集，对调查形成的数据、图件、文档、视频影像和其他资料进行整理、归类。

4.2.1 资料汇总

（1）历史调查资料：原则上搜集近10年来的历史调查资料，资料内容包括调查时间、调查区域、调查内容、调查结果及相关成果、报告等。

（2）现场调查资料：将现场作业资料与测试分析资料按调查时间、调查区域、调查内容、调查结果等进行整理。

（3）其他：

①不同时相的遥感资料。

②地形图、海图、海洋功能区划图、规划图等。

③有关岸滩地貌与冲淤动态调查资料。

④岸滩及附近动力、泥沙、沉积、人为活动等资料。

⑤沿海工程地质、环境地质图件和资料。

⑥各类海洋海岸工程建设项目有关资料。

⑦地方志、水利志、交通志等。

4.2.2 数据处理

（1）按 GB/T 12763.2～GB/T 12763.6 和 GB/T 12763.8～GB/T 12763.11 等相关条款规定的方法和要求处理数据，发现并剔除坏值，修正系统误差，进行针对影响量的订正，整理、计算出各测量要素观测结果、导出量及内插值，推导测量要素分布函数。数据分析、计算应有责任制度，分析（计算）者、校核者应签字。

（2）数据处理及导出量计算均应按《中华人民共和国法定计量单位使用方法》正确使用法定计量单位。

4.2.3 文档建立和图件绘制

（1）根据调查获取的资料，按 GB/T 12763.2～GB/T 12763.6 和 GB/T 12763.8～GB/T 12763.11 中相关条款规定的格式建立数据文档。

（2）根据调查资料汇编，按 GB/T 12763.2～GB/T 12763.6 和 GB/T 12763.8～GB/T 12763.11 中相关条款的规定来编绘时空分布变化图件和声像资料，其种类、内容、编绘方法应按项目任务要求和项目调查资料状况而定。

（3）调查资料汇编应附数据转换（或反演）、发现并剔除坏值、系统误差修正、对影响量的订正、导出量及内插值计算、测量要素分布函数推导及相关量比较等方法的说明，并附对各要素的数据进行准确度及离散性检查的结果。

（4）调查资料汇编、图件及声像资料上的数字、线条、符号应准确、清楚、端正、规格统一、注记完整、颜色鲜明。在图件和报表规定的位置上，应有相关人员的签名。

（5）计算机处理图件的要求：

①用于数据处理工作的计算机，应具有满足工作要求的环境、配套设施、硬件配置和相应工作软件。应建立必要的规章制度，以保证其正常、安全地工作，不受无关人员、信号及自然现象的干扰。

②计算机工作软件应是正版合法产品；委托或自行开发的工作软件则应经鉴定合格方可使用；全部工作软件应经调查项目承担单位批准。

③由同岗人员定期地认真检查输入参数和软件系统；推导反演计算数据时，应首先由第二人对计算公式、方法、步骤和使用数据进行严格审查与核算，再用其他独立计算工具对计算结果抽查核验 5%的数据；计算、审查和抽查核验均应有责任人签字。

④输入计算机或录入报表上的数据，应经第二人校对，应保证误码率低于 1×10^{-4}。

⑤记录调查资料的电子媒体原件应存档，用其复制品进行资料的整理。

4.3 资料归档

4.3.1 资料归档范围

调查单位应加强项目档案文件整理，确保每一项调查归档文件材料完整、准确和系统。文件归档范围主要包括：

（1）任务合同书（委托书、协议书）、有关的会议通知、会议纪要、请示报告、批复、汇报及重要信函等。

（2）项目调查计划方案、技术设计及其实施记录。

（3）调查报告、阶段性调查成果（含调查数据、图集、影像资料等）。

（4）调查报告最终稿及印刷稿。

（5）项目验收意见、技术鉴定材料或验证资料等。

（6）成果鉴定和验收证书和文件（待鉴定、验收后归档）。

4.3.2 归档时间

为加强项目档案管理，原则上在每次调查结束后 2 个月内归档一次，并于项目验收前 1 个月内完成全部调查数据归档，项目验收后完成全部成果资料归档。

4.3.3 归档格式要求

（1）调查单位负责组织对调查研究过程中所形成的有关文件材料，按 HY/T 058 的规定系统整理立卷。归档资料由总负责人审核签字，经调查承担单位档案管理部门审查，确认符合 HY/T 058 的相应规定后验收归档。

（2）归档应按 HY/T 058 规定的程序和要求办理归档手续。归档的文件、制作材料应优良，应格式统一、字迹工整、图样清晰、装订牢固、签字手续完备。

（3）调查资料应按保密规定划分密级，妥善保管。调查实施过程中所形成的重要管理文件、材料、调查计划或者方案、原始记录、原始资料、资料汇编、图集图件、调查报告、规范性作业文件、追溯性记录等均应永久保管；其他文件材料可定为长期或短期保管。

（4）归档和移交的有关文件材料应是原件。

（5）分包单位和受委托承担样品实验室分析、测试单位的原始记录和数据处理记录一般由该单位归档，其分包调查报告和分析、测试报告作为项目承担单位的调查原始记录归档。

（6）电子文件资料应按载体特性及时转录为光盘或转存至 U 盘、硬盘等载体，并在防磁、防潮和适宜温度条件下保存。归档应注明技术环境条件、相关软件版本、数据类型格式、操作数据、检测数据及备份要求等。

4.3.4 档案质量要求

项目档案质量应符合 HY/T 058 的有关规定，保证项目档案质量。归档不符合要求的情况下，不进行项目验收。

4.4 资料汇交

（1）汇交的调查数据包括调查的纸质版及电子版原始数据。汇交的数据资料包括文本数据、数值数据、图形数据、图谱数据、图像数据（现场调查及鉴定照片等）、多媒体数据（调查、鉴定及标本制作等过程的影像资料）等。

（2）调查数据应在每次调查结束后 2 个月内，按时、完整地汇交到项目管理方开发的数据库系统中或以其他形式提交，确保数据的及时性和完整性。

（3）调查数据应按照项目实际产生的数据情况进行汇交，确保所汇交的调查数据的质量，保证数据的真实性和可靠性。

（4）调查数据应按照本工具书规定的数据统计格式加工处理，确保汇交数据的科学规范性，提高数据的可发现性、可获取性、互操作性和可重复利用性。

（5）汇交的数据应当记录数据的采集、处理和转换等环节的信息。

（6）对于内容不完整、数量不足、质量审查有问题的汇交数据，要求在 1 个月内对数据进行重交或补交。

5 潮下带生物调查技术要求

5.1 调查站位布设原则

依据 HJ 730 以及 DB37/T 4418 设置调查站位。

（1）具有较好的代表性，能够客观反映一定区域内的环境状况，生物状况，污染程度、范围及变化规律，反映受人类活动污染的影响，能够对海洋环境保护管理和污染治理措施进行评估。

（2）布设监测站位时，应综合考虑沿海区域的自然环境、人口分布、土地利用、工业布局等社会经济发展状况，从整体出发，合理布局，监测站位之间相互协调，充分反映主要污染对环境的影响。

（3）监测站位布设应综合考虑监测能力现状与发展，同时考虑沿海现状与规划，具有一定的前瞻性。

（4）监测站位一经确定，原则上不应变更，同类型监测站位的设置条件尽可能一致，确保近岸海域环境监测资料的连续性和可比性。

（5）近岸海域环境质量监测站位通常在内水海域布设，渤海考虑在沿岸 12 n mile 以内布设；当监测站位不能反映污染范围时，站位布设应扩大，但不能超出领海范围。

（6）监测海域外边界线离岸最大距离不超过 12 n mile 的，设置断面监测站位≥2 个；离岸距离超过 12 n mile 的，垂直于海岸线设置断面监测站位≥3 个。滨海城镇、人口密集区、工业园区、沿海电站、船舶修造厂等邻近海域区域垂直于海岸线设置断面监测站位≥3 个；入海河口、入海直排海污染源排放口、陆基水产养殖集中排放口、其他入海排水口、商港、渔港等邻近海域区域垂直于海岸线设置断面监测站位≥4 个，并确保 1～2 个监测站位在其影响范围内；断面跨越航道航运区、海上投饵式养殖区、油气开发区、海上倾废区、重要海湾等海域区域垂直于海岸线设置断面监测站位≥4 个，并确保 1～2 个监测站位在其影响范围内。

（7）距离岸线最近的监测站位一般在低潮线（或人工岸线离岸）向海方向实际水深≥1 m 的海域布设。原则上水平岸线方向、垂直岸线方向间距均≥4.0 km，即 4.0 km×4.0 km 网格布设。入海河口、入海直排海污染源排放口、陆基水产养殖集中排放口、其他入海排水口、渔港、商港及航道航运区、海上投饵式养殖区、油气开发区、海上倾废区等结合实际分布情况，在确保监测站位在其影响范围的基础上加密布设。远离岸线的监测站位与相邻监测站位原则上水平岸线方向、垂直岸线方向间距均≥7.5 km，即 7.5 km×7.5 km 网格布设，在重要海湾和河口区域加密布设。

（8）监测站位布设时，应保证每个功能区均有代表其环境质量状况的监测站位。内部有污染源的环境功能区，至少有 1 个站位布设在排污口混合区的外边界上。

（9）依据 DB37/T 4418，沉积物监测站位和海洋生物监测站位应与水质站位一致，站位总数量分别大于等于水质站位的 30%和 40%。

5.2 调查指标

（1）水环境：水温、pH、溶解氧、盐度、透明度、色度、水深、石油类、化学需氧量、总磷、活性磷酸盐、总氮、亚硝酸盐氮、硝酸盐氮、氨氮、叶绿素 a 等指标。

（2）沉积环境：底质类型、pH、底温、盐度、容重、含水率、总氮、总磷、粒度、有机碳、石油类、重金属及类金属（铜、锌、铬、汞、镉、铅、砷等）、硫化物等指标。

（3）浮游生物：类群、生物种、密度、生物量等指标。

（4）大型底栖生物：类群、生物种、密度、生物量等指标。

（5）小型底栖生物：类群、生物种、密度、生物量等指标。

（6）微型底栖生物：类群、生物种、密度、生物量等指标。本工具书要求仅研究真核微型底栖生物。

（7）游泳动物：类群、生物种、密度、生物量等指标。

（8）鱼卵、仔稚鱼：类群、生物种、发育阶段、体长、数量、密度等指标。

（9）微生物：类群、生物种、每克样品中含有的菌落总数等指标。

各调查区域可根据实际情况和调查目标对调查项目进行适当增减。各类生物可根据实际情况和需求，选测环境 DNA 等指标。

5.3 调查时间及频次

根据 GB/T 12763.4 及 GB/T 12763.6 选择调查时间及频次，环境及生物调查同步进行。

河口、港湾、沿岸海区和边缘海区域海洋生物及环境要素调查时间和调查次数应根据调查水域环境条件和调查目的确定。受气象、流系的季节性影响显著的边缘海应每季度调查一次；受气候、水文的季节性影响明显且物质来源复杂的河口、港湾和沿岸海区，通常应每月（至少每季度）调查一次；如有特殊需要可酌情调整调查次数。若进行逐季或逐月调查，各季或各月调查的时间间隔应基本相等。进行河口、港湾调查时，应充分考虑潮汐的影响；一般以 3—5 月为春季，6—8 月为夏季，9—11 月为秋季，12 月—翌年 2 月为冬季，每个季节中以在 5 月、8 月、10 月、2 月调查为宜。各地可根据实际情况，调整调查频次和调查时间。

5.4 调查技术方法

5.4.1 水环境

（1）水样采集

水深≤10 m 时仅采表层样；水深在大于 10 m 小于 25 m 时采集表、底层海水；水深大于 25 m 时，采用三点法（表层、中层、底层）采样，表层为距海面 0.5 m 处，中层为水深 10 m 处，底层为距海底 2.0 m 处。每个采样点采集水样量视分析项目而定。除现场测定或处理的水样外，其余待测水样须放入 2～5℃的医用冷藏保温箱冷藏保存。运输回实验室后，尽快冷冻保存。

（2）水质监测

①水温

方法一：水温表法。用表层水温表测量时应先将金属管上端的提环用绳子拴住，在离船舷 0.5 m 以外的地方放入水深 0～1 m 水层中，待与外部的水温达到热平衡之后，即感温 3 min 左右，迅速提出水面读数，然后将筒内的水倒掉，把该表重新放入水中，再测量一次，将两次测量的平均值按检定规程修订后，即为表层水温的实测值。具体监测方法及数据记录表参照 GB 17378.4 执行。

方法二：温盐深仪（CTD）法。将整机调试至正常工作状态后，将水下单元吊放至海面以下，使传感器浸入水中感温 3～5 min 后，方可进行观测。为保证测量数据的质量，取仪器下放时获取的数据为正式测量值，仪器上升时获取的数据作为数据处理时的参考值。具体监测方法及数据记录表参照 GB/T 12763.2 执行。

②pH

pH 计法。水样采集后，应在 6 h 内测定。加入 1 滴氯化汞溶液，盖好瓶盖，允许保存 2 d。测定样品时，先用蒸馏水认真冲洗电极，再用水样冲洗，然后将电极浸入样品中，小心摇动或进行搅拌使其均匀，静置，待读数稳定时记下 pH 数值。若为现场测定，应先用标准缓冲溶液标定，再测定样品。测定样品时，先用蒸馏水淋洗电极末端，用滤纸吸干后将电极插入样品，不时旋动盛样品的烧杯，电极充分平衡后，静置，调整“温度补偿器”刻度，使其与样品温度一致后，读取样品 pH 数值。具体监测方法及数据记录表参照 GB 17378.4 执行。

③溶解氧

方法一：仪器测量法。使用测量仪器前先校准，校准后将探头浸入样品，不能有空气泡截留在膜上，停留足够的时间，待探头温度与水温达到平衡，且数字显示稳定时读数。必要时，根据所用仪器的型号及对测量结果的要求，检验水温、气压或含盐量，并对测量结果进行校正。具体监测方法及数据记录表参照 HJ 506 执行。

方法二：碘量法。水样中溶解氧与氯化锰和氢氧化钠反应，生成高价锰棕色沉淀。加酸溶解后，其在碘离子存在下即释出与溶解氧含量相当的游离碘，然后用硫代硫酸钠标准溶液滴定游离碘，换算溶解氧含量。具体监测方法及数据记录表参照 GB 17378.4 执行。

④盐度

方法一：盐度计法。测量海水样品与标准海水在 101 325 Pa 下的电导率比 R_0，参考国际海洋常用表，得出海水样品的实用盐度。具体监测方法及数据记录表参照 GB 17378.4 执行。

方法二：CTD 法。将整机调试至正常工作状态后，将水下单元吊放至海面以下，利用 CTD 测量盐度与测量温度是在同一仪器上实施，其观测步骤和要求基本相同。具体监测方法及数据记录表参照 GB/T 12763.2 执行。

⑤透明度

透明圆盘法。具体观测方法参照 GB 17378.4 执行。

⑥色度

比色法。根据水色计对比确定。水色计的制作原理：将蓝色、黄色、褐色三种溶液按一定比例配成 22 种不同色级的溶液，分别密封在 22 支内径 8 mm、高 100 mm 无色玻璃管内，置于敷有白色衬里两开的盒中。具体监测方法及数据记录表参照 GB 17378.4 执行。

⑦水深

方法一：水深测量法。具体监测方法参照 GB/T 12763.2 执行。

方法二：单波束测深法。具体监测方法参照 GB/T 12763.10 执行。

⑧石油类

紫外分光光度法。水样经正己烷萃取后，以油标准作参比，进行紫外分光光度测定。样品保存，如不能在 24 h 内测定，采样后应加盐酸酸化至 pH≤2，并于 2～5℃下冷藏保存。具体监测方法及数据记录表参照 GB 17378.4 执行。

⑨化学需氧量

碱性高锰酸钾法。在碱性加热条件下，用已知量并且是过量的高锰酸钾，氧化海水中的需氧物质。然后在硫酸酸性条件下，用碘化钾还原过量的高锰酸钾和二氧化锰，所生成的游离碘用硫代硫酸钠标准溶液滴定。具体监测方法及数据记录表参照 GB 17378.4 执行。

⑩总磷

方法一：过硫酸钾氧化法。海水样品在酸性和 110～120℃条件下，用过硫酸钾氧化，有机磷化合物被转化为无机磷酸盐，无机聚合态磷水解为正磷酸盐。消化过程产生的游离氯，以抗坏血酸还原。消化后水样中的正磷酸盐与钼酸铵形成磷钼黄。在酒石酸锑钾存在下，磷钼黄被抗坏血酸还原为磷钼蓝，于 882 nm 波长处进行分光光度测定。具体监测方法及数据记录表参照 GB/T 12763.4 执行。

方法二：流动分析法。水样在酸性介质和高温高压条件下，用过硫酸钾氧化，有机磷化合物被转化为无机磷，无机聚合态磷水解为正磷酸盐。消化后水样中的正磷酸盐用流动分析法测定。具体监测方法及数据记录表参照 HY/T 147.1 执行。

⑪活性磷酸盐

方法一：磷钼蓝分光光度法。在酸性介质中，活性磷酸盐与钼酸铵反应生成磷钼黄，用抗坏血酸还原为磷钼蓝后，于 882 nm 波长处测定吸光值。具体监测方法及数据记录表参照 GB 17378.4 执行。

方法二：流动分析法。在酸性介质中，活性磷酸盐与钼酸铵在酒石酸锑钾的催化下反应生成磷钼黄，在 pH 小于 1 时被抗坏血酸还原为磷钼蓝，于 880 nm 波长处检测。具体检测方法及数据记录表参照 HY/T 147.1 执行。

⑫总氮

方法一：过硫酸钾氧化法。海水样品在碱性和 110～120℃条件下，用过硫酸钾氧化，有机氮化合物被转化为硝酸氮。同时，水中的亚硝酸氮、铵态氮也定量地被氧化为硝酸氮。硝酸氮还原为亚硝酸盐后与对氨基苯磺酰胺进行重氮化反应，反应产物再与 1-萘替乙二胺二盐酸盐作用，生成深红色偶氮染料，于 543 nm 波长处进行分光光度测定。具体监测方法及数据记录表参照 GB/T 12763.4 执行。

方法二：流动分析法。样品在碱性介质和高温高压条件下，用过硫酸钾氧化，样品中无机氮和有机氮均被氧化为硝酸盐。硝酸盐经流动分析仪的铜-镉还原柱还原为亚硝酸盐，与磺胺/*N*-（1-萘基）-乙二胺盐酸盐反应生成红色络合物，在波长 550 nm 处测定。具体监测方法及数据记录表参照 HY/T 147.1 执行。

⑬亚硝酸盐氮

方法一：萘乙二胺分光光度法。在酸性介质中亚硝酸盐与磺胺进行重氮化反应，其产物再与盐酸萘乙二胺偶合生成红色偶氮染料，于 543 nm 波长处测定吸光值。利用通过分光光度计得到的数据绘制标准曲线，计算水样中亚硝酸盐氮含量。具体操作步骤及数据记录表参照 GB 17378.4 执行。

方法二：流动分析法。在酸性介质中，亚硝酸盐与磺胺发生重氮化反应，其产物再与盐酸萘乙二胺偶合生成红色偶氮染料，于 550 nm 波长处测定。具体检测方法及数据记录表参照 HY/T 147.1 执行。

⑭硝酸盐氮

方法一：锌镉还原法。用镀镉的锌片将水样中的硝酸盐定量地还原为亚硝酸盐，水样中的总亚硝酸盐再用重氮-偶氮法测定，然后对原有的亚硝酸盐氮进行校正，计算硝酸盐氮含量。具体监测方法及数据记录表参照 GB/T 12763.4 执行。

方法二：流动分析法。水样通过铜-镉还原柱，将硝酸盐定量地还原为亚硝酸盐，与磺胺在酸性介质条件下进行重氮化反应，再与盐酸萘乙二胺偶合生成红色偶氮染料，于 550 nm 波长处检测。测定出的总亚硝酸盐氮，扣除水样中原有的亚硝酸盐氮，即可得到硝酸盐氮含量。具体监测方法及数据记录表参照 HY/T 147.1 执行。

⑮氨氮

方法一：次溴酸盐氧化法。在碱性介质中次溴酸盐将氨氧化为亚硝酸盐，然后以重氮-偶氮分光光度法测亚硝酸盐氮总量，扣除原有亚硝酸盐氮的浓度，得氨氮的浓度。具体监测方法及数据记录表参照 GB 17378.4 执行。

方法二：流动分析法。以亚硝酰铁氰化钠为催化剂，铵盐与水杨酸钠和二氯异氰尿酸钠在碱性条件下反应生成一种蓝色化合物，于 660 nm 波长处测定。具体监测方法及数据记录表参照 HY/T 147.1 执行。

⑯叶绿素 a

方法一：荧光分光光度法。用丙酮溶液提取浮游植物进行荧光测定，根据提取液酸化前后的荧光值，计算叶绿素 a 的含量。具体操作步骤参照 GB 17378.7 执行。

方法二：分光光度法。用丙酮溶液提取浮游植物色素，在 664 nm、647 nm、630 nm 波长处测定吸光度，计算叶绿素 a 的含量。具体操作步骤参照 GB 17378.7 执行。

（3）样品保存

分析后的水环境样品，可依后续分析需求，确定全部或部分保留。保留样品应按各专业的要求保管。

（4）计算及统计资料整理

按照规范要求对调查结果进行计算，并对统计资料进行整理。水环境调查表见附件 B-1。

5.4.2 沉积环境

（1）沉积物采集

海洋沉积物一般采集表层沉积物，采样器多选择抓斗式采泥器。将绞车的钢丝绳与采泥器连接，检查是否牢固，同时测采样点水深；慢速开动绞车将采泥器放入水中。稳定后，常速下放至离海底 3～5 m，再全速降至海底。采集深度应大于 5 cm，慢速提升采泥器离底后，快速提至水面，再行慢速，当采泥器高过船舷时，停车，将其轻轻降至接样板上。打开采泥器上部耳盖，轻轻倾斜采泥器，使上部积水缓缓流出。表层沉积物的分析样品一般取上部 0～2 cm 的沉积物。若因采泥器在提升过程中受海水冲刷，致使样品流失过多或因沉积物太软、采泥器下降过猛，沉积物从耳盖中冒出，均应重采。具体采样方法参照 GB 17378.3 执行。带回实验室的样品，均应保存在阴冷处，最好放在冰箱或冷库中保存。

（2）沉积物测定

①pH

电位法。使用 pH 计，当规定的指示电极和参比电极浸入沉积物悬浊液时，构成一原电池，其电动势与悬浊液的 pH 相关，通过测定原电池的电动势即可得到沉积物的 pH。在测定之前按照仪器使用方法校准仪器，确认无误后开始测定样品 pH。具体操作步骤参照 GB/T 12763.8 执行。

②底温

方法一：温度计测量法。沉积物采集后应尽快测量，避免长时间暴露在空气中造成误差。

方法二：CTD 法。水深较深、底层海水温度变化不大时，可通过 CTD 测底层海水温度。

③盐度

采用便携式盐度测试仪在沉积物调查过程中现场测定。

④容重

环刀法。利用一定容积的环刀切割自然状态的沉积物，使沉积物充满其中，称量后计算单位体积的烘干沉积物质量，即为容重。具体操作步骤参照 NY/T 1121.4 执行。

⑤有机碳

方法一：重铬酸钾氧化-还原容量法。在浓硫酸介质中，加入一定量的标准重铬酸钾，在加热条件下将样品中有机碳氧化成二氧化碳。剩余的重铬酸钾用硫酸亚铁标准溶液回滴，按重铬酸钾的消耗量，计算样品中有机碳的含量。具体操作步骤及数据记录表参照 GB 17378.5 执行。

方法二：元素分析仪法。沉积物样品经干燥研磨至 120 目以上后，定量称取 10～20 mg 于银杯中，滴加 2～3 滴浓盐酸，以除去样品中的碳酸盐，烘干后直接用元素分析仪测定。具体参考 GB/T 12763.8 执行。

⑥总氮

方法一：凯式滴定法。样品在催化剂的作用下，用浓硫酸破坏沉积物中的有机物，使含氮有机物转化为硫酸铵。加入强碱进行蒸馏使氨逸出，用硼酸吸收后，再用酸滴定，测出氮含量，计算出总氮含量。具体操作步骤及数据记录表参照 GB 17378.5 执行。

方法二：过硫酸钾氧化法。海洋沉积物样品在碱性和 110～120℃条件下，用过硫酸钾氧化，有机氮化合物、亚硝酸氮和铵态氮被转化为硝酸氮。消解完成后，取上层澄清消解液通过镀铜的镉还原柱，在缓冲溶液中硝酸盐被还原为亚硝酸盐。在酸性条件下，亚硝酸盐通过与磺胺和 *N*-（1-萘基）-乙二胺盐酸盐发生重氮偶氮反应，生成含氮的染料，其在 540 nm 处有最大吸收，且其浓度与沉积物中原来的总氮浓度成正比。具体操作步骤参照 HJ 442.4 执行。

⑦总磷

方法一：分光光度法。样品在催化剂的作用下，用浓硫酸破坏沉积物中的有机物，使样品中的有机磷和无机磷均以 PO_4^{3-}的形式存在，在酸性溶液中，用钒钼酸铵处理，生成黄色的$(NH_4)_3PO_4NH_4VO_3\cdot 16MoO_3$，在波长 420 nm 处比色测定。具体操作步骤及数据记录表参照 GB 17378.5 执行。

方法二：过硫酸钾氧化法。沉积物样品在酸性和 120～125℃条件下，采用过硫酸钾氧化，有机磷化合物被转化为无机磷酸盐，无机聚合态磷水解为正磷酸盐。消解过程产生的游离氯，以抗坏血酸还原。消解后，正磷酸盐与钼酸铵-酒石酸锑钾混合溶液反应生成磷钼酸锑盐（磷钼黄），磷钼黄被抗坏血酸溶液还原为磷钼蓝，在 880 nm 处有吸收，吸光值与样品中的正磷酸盐含量成正比。具体操作步骤参照 HJ 442.4 执行。

⑧含水率

重量法。将已知重量的沉积物湿样（或风干样）于（105±1）℃烘至恒重，用两次重量的差值计算样品的含水率。具体操作步骤及记录表参照 GB 17378.5 执行。

⑨粒度

方法一：筛析法加沉析法，即综合法。筛析法适用于粒径大于 0.063 mm 的物质，沉析法适用于粒径小于 0.063 mm 的物质。当粒径大于 0.063 mm 的物质大于 85%或粒径小于 0.063 mm 的物质占 99%以上时，可单独采用筛析法或沉析法。具体操作步骤及数据记录表参照 GB/T 12763.8 执行。

方法二：激光法。用自动化粒度分析仪（如激光粒度分析仪）分析沉积物粒度，应与综合法、筛析法、沉析法对比合格后方能使用。具体操作步骤及数据记录表参照 GB/T 12763.8。

⑩硫化物

方法一：亚甲基蓝分光光度法。沉积物样品中的硫化物与盐酸反应生成硫化氢，随水蒸气一起蒸馏出，被乙酸锌溶液吸收，反应生成硫化锌，在酸性介质中当三价铁离子存在时，硫离子与对氨基二甲基苯胺反应生成亚甲基蓝，在 650 nm 波长处进行光度测定。具体操作步骤及数据记录表参照 GB 17378.5 执行。

方法二：碘量法。沉积物样品中硫化物在酸性介质中产生硫化氢，同水蒸气一起蒸出，被乙酸锌溶液吸收，生成硫化锌沉淀。此沉淀与盐酸反应，生成的硫化氢被碘氧化，过剩的碘用硫代硫酸钠标准溶液滴定。具体操作步骤及数据记录表参照 GB 17378.5 执行。

⑪石油类

方法一：紫外分光光度法。沉积物用正己烷萃取后，以标准油作参比，沉积物中的芳烃组分，在紫外光区有特征吸收，其吸收强度与芳烃含量成正比，进行紫外分光光度测定。具体操作步骤及数据记录表参照 GB 17378.5 执行。

方法二：荧光分光光度计法。沉积物风干样中的油类经石油醚萃取，用激发波长 310 nm 照射，于 360 nm 波长处测定相对荧光强度，其相对荧光强度与石油醚中芳烃的浓度成正比。具体操作步骤及数据记录表参照 GB 17378.5 执行。

⑫重金属

铜、锌、铅、镉测定均采用火焰原子吸收分光光度法，汞、砷测定采用原子荧光法，铬测定采用无火焰原子吸收分光光度法。具体操作步骤及数据记录表参照 GB 17378.5 执行。

铜、铅、镉、锌、铬和砷也可采用电感耦合等离子体质谱法，具体操作步骤及数据记录表参照 HY/T 147.2 执行。

（3）样品保存

分析后的沉积物样品，可依后续分析需求，确定全部或部分保留。保留样品应按各专业的要求保管。

（4）计算及统计资料整理

按照规范要求对调查结果进行计算，并对统计资料进行整理。沉积环境调查表见附件 B-2。

5.4.3 浮游生物

（1）样品采集

依据 GB 17378.7 的要求开展潮下带浮游生物调查。分别采用浅水Ⅰ型、Ⅱ型浮游生物网自底至表垂直拖曳采集浮游动物，采用浅水Ⅲ型浮游生物网采集浮游植物（推荐有科研能力的单位采用采水法进行浮游植物调查，具体参照 GB 17378.7 中“浮游生物生态调查”）。其操作步骤如下：

①每次下网前应检查网具有无破损，发现破损应及时修补或更换网衣，检查网底管是否处于关闭状态。放网入水，网口入水后停止绞车，对缆绳计数器进行归零，然后开动绞车布放网具，以钢丝绳保持紧直为准。当调查区域水深小于 5 m 时，下网速度尽量不要超过 0.5 m/s，在网具到达海底前停止绞车并记录绳长；当调查区域水深大于 5 m 时，下网速度一般不能超过 1 m/s，在网具接近海底时，绞车应减速，离底 2 m 左右停绞车，防止触底，记下绳长。

②网具到达预放深度后，停车起网，回收网具，速度保持在 0.5 m/s 左右。网口未露出水面前不可停车，网口离开水面时应减速并及时停车，谨防网具碰刮船底或卡环碰撞滑轮，使钢丝绳绞断，网具掉落。

③把网升至适当高度，用冲水设备自上而下反复冲洗网衣外表面（切勿使冲洗的海水进入网口），使黏附于网上的标本集中在网底管内。将网收入甲板，开启网底管活门，把标本装入标本瓶，再关闭网底管活门，冲洗筛绢套，如此反复多次，直至残留标本全部收入标本瓶中。

④分别用甲醛及鲁哥氏液保存浮游动物和浮游植物样品，其中甲醛样品终浓度5%，鲁哥氏液样品终浓度1.5%。

采样时应注意以下事项：遇倾角超过45°时，应加重沉锤重新采样；遇网口刮船底或海底，应重新采样。

可选做环境DNA：按照水深分层采集水样以备后续环境DNA监测，具体操作见附录A，并可根据具体情况优化。

（2）浮游植物样品分析

潮下带浮游植物依据GB 17378.7中“浮游生物生态调查”执行，采用直接计数法进行分析，具体操作为：

①将待计数样品摇匀，用移液器准确吸取一定体积置于相应计数框内，盖上盖玻片使不留气泡；如果样品量较低（小于500个细胞）使用沉降杯进行全样计数。

②移计数框于显微镜下鉴定物种并计数，计数时一般以种为单位分别计数，优势种、常见种、赤潮生物种应力求鉴定到种。

③记录数据。

（3）浮游动物样品分析

潮下带浮游动物样品采用GB 17378.7中“浮游生物生态调查”进行分析。浮游动物样品冲洗静置沉淀后进行浓缩，测定其生物量并计数。

①湿重生物量测定

筛绢标定：将筛绢剪成与漏斗内径等大，浸湿后铺于漏斗中，用真空泵抽去多余水分，称取筛绢湿重并记录，标定后的筛绢可重复使用。

样品测定：把标定过的筛绢铺于漏斗中，开动真空泵，将水母等含水量较多的物种挑出，倒入已剔除杂质的待测样品；待水分滤干后关闭真空泵，将样品（连同筛绢）置于天平称重并记录，减去标定筛绢重量即为浮游动物湿重生物量。

②个体计数

样本数量较少的应转入计数框，全部计数。

若数量较大，应先将个体大的标本全部拣出分别计数，其余样品根据总个体水量用分样器分成适当比例（1/2、1/4、1/8、1/16、1/32……）后进行计数，保证每个样品计数个体数在 500 个左右。

计数时一般以种为单位分别计数，优势种、常见种应力求鉴定到种，所有浮游动物的残损个体，按有头部的计数。

（4）样品保存

分析、鉴定后的样品，可依学术价值高低及后续分析需要，确定全部或部分保留。样品应按各专业的要求保管。

（5）计算及统计资料整理

鉴定、计数及测定结果按本部分各调查要素所规定的分析方法进行计算、统计。浮游生物调查结果统计表见附件 B-3～附件 B-7。

5.4.4 大型底栖生物

（1）样品采集

依据 GB 17378.7 中"大型底栖生物生态调查"进行潮下带大型底栖生物的调查。一般使用 0.1 m^2 采泥器（建议抓斗式采泥器或箱式取样器），每次取 3 次；在港湾中或无动力设备的小船上，可用 0.05 m^2 采泥器，每站取 3 次。特殊情况下，不少于 2 次。

可选做环境 DNA：采集调查站位的水样和泥样，用以进行环境 DNA 宏条形码分析，采样方法及样品处理方法见附录 A，并可根据具体情况优化。

（2）样品处理

生物样品处理采用过筛器直接淘洗法。筛网选取孔目 0.5 mm 的网筛，用海水冲洗分选大型底栖生物。采得的所有样品，用 75%酒精或用无水乙醇固定。随后将样品带回实验室进行种类鉴定、个体计数、生物量计算。

（3）样品整理及分析

①标本整理

a. 将带回的标本进行初步鉴定，按照不同站位按种分离，计数，及时加入固定液；

b. 按分类系统依次排列，编号，写好标签，标签上应包含采样地点、经纬度、日期等信息，分投各标本瓶中。

②称重、计数、计算

a. 定量标本需固定 3 d 以上方可称重。

b. 称重时，标本应先置吸水纸上吸干体表水分。称重软体动物和甲壳动物保留其外壳（必要时，对某些经济种或优势种可分别称其壳和肉重）。大型管栖多毛类的栖息管、寄居蟹的栖息外壳以及其他生物体上的伪装物、附着物，称重时应予剔除。

c. 称重采用感量为 0.01 g 的电子天平。在称重前后计算各种生物的个体数。

d. 将称重、计数结果填入表格，并注明湿重（甲醛湿重或酒精湿重）、干重（烘或晒）。

e. 依据取样面积，将记录表中各种数据换算为单位面积的栖息密度（个/m^2）和生物量（g/m^2）。

（4）鉴定

优势种和主要类群的种类应力求鉴定到种，无法鉴定到种的先进行必要的特征描述，暂以 sp.表示。鉴定时若发现一瓶中有两种以上生物，应将其分出另编新号，注明标本原出处，并及时更改标签和表格中有关数据。种类鉴定结果若与原标签初定种名不符，也应立即增加标签。

（5）样品保存

分析、测量、鉴定后的样品，应尽量全部保留。保留样品应按各专业的要求保管。

（6）计算及统计资料整理

按照规范要求对调查结果进行计算，并对统计资料进行整理。大型底栖生物调查结果统计表见附件 B-8～附件 B-10。

5.4.5 小型底栖生物

（1）样品采集

依据 GB/T 12763.6 和 GB/T 34656，小型底栖生物潮下带采样与大型底栖生物调查同步开展，即在选定站位进行沉积物样品的采集。用有机玻璃管从箱式取样器中采芯样，芯样长度为 8～10 cm，取样后立即按 0～2 cm、2～5 cm、＞5 cm 将样品分别推置于样品瓶内。采样位置需离开取样器边缘至少 2 cm，随机采芯样两个，重点站位可在两个取样器中分别取 2 个或 3 个芯样。

小型底栖生物形态分析的样品取样后加入等体积 10%的福尔马林溶液固定，置于阴凉处保存，带回实验室后待分析。

可选做环境 DNA：刮取表层沉积物样品 20 g 以上存于无菌密封袋，–80℃保存，具体操作参见附录 A。

（2）样品分析

现场预处理的沉积物样品经过硅胶液（Ludox HS-40）离心分离后，小型底栖后生动物漂浮于硅胶液柱；将生物样品收集到培养皿中，直接置于体视显微镜下观察，将其中的小型底栖后生动物样品挑选出来，并进行计数分析；如果需要制作永久封片进行高精度定性定量分析，可通过定量蛋白银染色（quantitative protargol stain，QPS），于光学显微镜下计数分析；另外，可通过分子生物学手段辅助获取小型底栖后生动物的分类和多样性信息。

具体流程如下：

①样品预处理

样品预处理的工作程序如下：

a. 将样品倒入 3 层套筛（从上至下套筛孔径分别为 500 μm、200 μm、30～32 μm）的最上层，用过滤的自来水轻缓地冲洗样品，去掉样品中的甲醛溶液、海水以及大部分沉积物；

b. 将各套筛上残留的样品浸入盛有 1%孟加拉玫瑰红（Rose Bengal）溶液的染色缸中染色 1 h 后，用水冲洗已染色的标本，至冲洗水的颜色变浅为止。

②硅溶胶（Ludox）离心漂浮法

硅溶胶（Ludox）离心漂浮法的工作程序如下：

a. 硅溶胶溶液的制备，Ludox HS-40（或 Ludox TM）加蒸馏水用比重计测试，将比重调至 1.19，备用；

b. 把每层套筛上的沉积物样品置于一个 100 cm^3 的离心管中（样品体积不应大于 15 cm^3，如果超过，可以分置 2 个离心管中），用 Ludox HS-40（或 Ludox TM）试剂定容至 60 cm^3，加盖摇动充分混合；

c. 将离心管静置 5 min 以便较重的颗粒沉降；

d. 将成对离心管对称放置离心机中，关闭离心机盖，3 min 内加速至 1 800 r/min 维持 5 min；

e. 离心机停后，将离心管中的上清液分别倒在最下层的网筛上［应把管中的 Ludox HS-40（或 Ludox TM）试剂倒干净］；

f. 余渣加同样分量的硅胶溶液，重复以上步骤 3 次，最后把离心管壁上以及离心盖上的残余物质冲入相应的最下层网筛；

g. 用过滤后的自来水把网筛中的 Ludox HS-40（或 Ludox TM）试剂彻底洗净，然后将网筛浸入盛有 1% Rose Bengal 溶液的染色缸中进行染色，1 h 后，用蒸馏水冲洗已染色的标本，至冲洗水的颜色变浅为止，在体视镜下进行小型底栖后生动物计数。

③取分样

取分样包括如下工作过程：

a. 与沉积物样品分离后的样品，若动物数量太多（超过 500 个体）时，可随机取分样鉴定计数；

b. 将样品移入分样器，注入蒸馏水至 2 dm^3，加顶盖，颠倒摇动，静置 1 h，取分样 2 个或 3 个。

④计数

在体视显微镜（放大倍率大于或等于 40 倍）下进行观察、鉴定和计数，将不同类群的个体数分别计数。

（3）样品保存

分析、测量、鉴定后的样品，可依学术价值高低，确定全部或部分保留。样品应按各专业的要求保管。制片可永久保存。

（4）计算及统计资料整理

小型底栖生物的丰度、生物量及多样性指数依据 GB/T 12763.6 和 GB/T 34656 进行计算、统计、整理。调查结果统计表见附件 B-8～附件 B-10。

5.4.6 微型底栖生物

（1）样品采集

依据 GB/T 12763.6、GB/T 34656 和 HY/T 140，微型底栖生物潮下

带采样与大型和小型底栖生物调查同步开展。潮下带采样通常采用面积为 0.1 m^2 的箱式采样器，条件许可时，应采用沉积物多管采样器获取未受扰动的样品。

采芯样宜与小型底栖生物调查同步，采样管内径可选择 2.2 cm、2.6 cm、3.4 cm 或 3.6 cm。用采样管从未受扰动的采泥器中取芯样，依据实验要求取所需深度的沉积物，采样的位置一般离开采泥器边缘至少 2 cm；随机取 3～5 个重复芯样。海上采样将芯样按照 0～2 cm、2～5 cm、5～8 cm（或 5～10 cm）分层。

微型底栖生物形态分析的样品加入等体积 4%的冷戊二醛溶液固定（终浓度为 2%），置于阴凉处保存，带回实验室后待制片分析。

可选做环境 DNA：刮取表层沉积物样品 20 g 以上存于无菌密封袋，–80℃保存，具体操作参见附录 A。

（2）样品分析

通过硅溶胶离心分离技术，利用生物体与沉积物颗粒的比重不同，离心后比重较小的原生动物等微型底栖生物漂浮于硅胶液柱，沉积物颗粒下沉到离心管底部。样品收集后可置于光学显微镜或倒置显微镜下观察计数，有条件的应通过定量蛋白银染色方法制成永久封片，获得潮间带沉积物样品中微型底栖生物主要类群的物种组成、丰度及生物量信息。必要时可通过分子生物学手段获知微型底栖生物分子多样性信息。

具体流程如下：

①Ludox 离心分离技术

a. 淘洗降盐

Ludox 系列硅胶液遇海水后易形成凝胶，使用前应对沉积物样品进行淘洗降盐。工作程序如下：a）将沉积物样品用淡水稀释至 300 mL 降盐，加戊二醛至约 1%的最终浓度；b）以封口膜封住量筒顶端，沉降 24～48 h；

c）将量筒中的上清液虹吸移除，保留底部约 40 mL 的浓缩样品；d）如无法继续进行实验，可将浓缩样转移至小样品瓶中，于 4℃避光保存。

b. 加 Ludox 硅胶液

加 8 mL Ludox HS-40 原液于 15 mL 离心管中；大样品量的提取采用 50 mL 离心管。

c. 加沉积物样

用吸管从淘洗降盐后的浓缩样品取 2 mL 分样，急速注入 Ludox 硅胶液中。此操作使上部分 Ludox 硅胶液得到稀释，并使样品初步分散，下部为比重较大的 Ludox HS-40 液。

d. 制备水膜

从侧面轻轻滴加 2 mL 蒸馏水于样品和硅胶液的混合液表面，形成约 1 cm 厚的水层。水膜覆盖使样品与空气隔离，从而延缓凝胶反应，同时避免样品粘壁，提高提取率。

e. 离心分层

离心 15 min（4 300 *g*）后，试管中形成肉眼可见的 6 层：第 1 层（最上层）为水层；第 2 层为水层-Ludox 硅胶液界面之间的目标生物以及较轻的有机质层；第 3 层为比重较小的 Ludox 硅胶液层；第 4 层为较重的硅藻壳及有机碎屑层；第 5 层为比重较大的 Ludox 硅胶液层；第 6 层（最下层）为沉积物颗粒层。将离心后的生物用巴氏吸管从水层-Ludox 硅胶液界面吸出，收集目标生物体。

f. 样品分析

经过离心提取可获得底栖鞭毛虫、纤毛虫等微型底栖生物。样品可用倒置显微镜进行镜检分析计数，有条件的应进行定量蛋白银染色分析。

②定量蛋白银染色（QPS）技术（选做）

方法概述：生物离心分离技术所获得的生物样品，过滤收集到滤膜上，经过琼脂包埋和固化，定量蛋白银染色，获得保存沉积物间隙生物完整群落结构信息的永久封片，后继进行高精度生物定性定量分析。本方法可根据调查任务的要求选择开展。

操作流程如下：

a. 样品过滤收集

样品过滤收集工作程序如下：a）将硝酸纤维素膜放置到真空过滤器中，下面可另放一张滤膜或筛绢作为副膜，使底栖原生动物等微型底栖生物更好地在主膜上分散。b）先在滤器中添加蒸馏水或经曝气 24 h 的自来水，打开真空泵调节滤器中的真空度（小于 5 mm Hg），调节好流速，使水流以适当的流速通过滤膜，忌将固定样品直接加入滤器过滤。c）将提取的样品收集后加入滤器的自来水中，不断补充自来水使样品经历数次上旋下降，使细胞均匀散布于滤膜上，同时去除固定液和硅胶液等杂质，清洗不充分会影响染色效果。d）过滤清洗后样品在滤膜上均匀分散开，关掉真空泵停止抽滤；停止抽滤的时机以水分恰好去除而滤膜仍呈湿润时为佳；抽滤过度易导致细胞破裂，过湿导致样品流失且分布不均匀。

b. 琼脂包埋

琼脂包埋工作程序如下：a）将数片载玻片放置于 50～60℃的加热板上预热；载玻片预热应在样品过滤前准备好，载玻片应注意清洁，避免杂质或油污。b）用镊子将滤膜从过滤装置中移出，置于一片热载玻片中心；滤膜保持热度，且琼脂包埋时表面刚好干燥，防止进入空气或滤膜上的细胞悬浮。c）取一大滴液体琼脂滴放于第二片热载玻片中心。d）小心翻转此载玻片，压在有滤膜的载玻片上，使琼脂覆盖整片滤膜，形成一个“三明治”薄层，不应额外添加外力，琼脂的厚度直接影响染色和观察效果，应避免出现气泡。e）将“三明治”放置在加热板上 1 min。f）转入盛有自来水的大培养皿中冷却固化 15 min。g）移去载玻片，用刀片切去多余琼脂，修整滤膜边缘，使其适合 24 mm×32 mm 的盖玻片；将修正好的滤膜集中放在滤膜筐中；注意滤膜朝向，使载样面总是朝向操作者。

c. 滤膜固化

滤膜固化工作程序如下：a）转移滤膜至 10%甲醛溶液 10～15 min，固化琼脂；b）若暂时无法继续实验，用自来水清除滤膜中的甲醛 3 次（每次 3～5 min）后，用蒸馏水置换 1 次，将滤膜储藏于 30%异丙醇溶液中能保持数周。

d. 蛋白银染色

清洗漂白

工作程序如下：a）将滤膜从甲醛溶液中取出，用自来水冲洗 10 s；b）滤膜用 0.2%高锰酸钾漂白剂漂白 6～7 min，漂白时间视样品情况而定，若琼脂较厚且样品含有机质较多，适当延长时间，反之缩短；c）自来水冲洗 10 s；d）2.5%草酸还原剂还原 5～6 min；e）自来水冲洗 10 s（3～5 次），然后用蒸馏水冲洗 10 s（1 次）。

蛋白银溶液染色

工作程序如下：a）将 0.08～0.32 g 蛋白银粉末撒落在 40 mL 蒸馏水（严禁使用去离子水）中，配成 0.2%～0.8%蛋白银溶液；b）蛋白银自然溶解后，加入 0.5 g 铜片作催化剂，溶解蛋白银时切莫搅动；c）放于 60℃恒温箱中 40～50 min 染色，蛋白银因产地、品牌和型号的不同，浓度从 0.3%～0.5%不等，宜提前进行尝试摸索最佳浓度。注：蛋白银可自制，其工作浓度根据不同产品特性进行调整。

显影

工作程序如下：a）将染缸从恒温箱中取出冷却至室温 10 min；b）用显影液显影 10～30 s（最佳显影时间应先进行镜检测试，推荐时间约

15 s）；c）当滤膜（细胞）的颜色变黄时，将滤膜转移到自来水中停止显影；d）换自来水 1 次（10 s）。

氯化金增色

工作程序如下：a）0.5%氯化金增色剂染 2～3 s；b）2.5%草酸还原 30 s（本步骤可选择使用）。

定影

工作程序如下：a）蒸馏水浸泡清洗 2 min；b）2.5%硫代硫酸钠定影 5 min；c）自来水冲洗 3 min（3～5 次）。

异丙醇脱水

按照以下顺序进行脱水：a）30%异丙醇（5～10 min）；b）50%异丙醇（5～10 min）；c）70%异丙醇（10 min）；d）100%异丙醇（≥5 min）；e）100%异丙醇（≥5 min）；f）异丙醇/二甲苯（1∶1）5 min；g）100%二甲苯（≥5 min）；h）100%二甲苯（≥5 min）。

中性树胶封片

中性树胶封片的工作程序如下：a）准备好载玻片，滴一小滴中性树胶；b）将滤膜从筐中取出粘在中性树胶上（有生物体面朝上），另外滴加一滴中性树胶或加拿大树脂封片；c）封片完成后，在干燥通风处自然晾干 24 h，然后置于 60～80℃的温箱烘干至少 3 d；d）获得的永久封片保存了较完整的原生动物等微型底栖生物群落以及小型底栖动物群落。

（3）样品保存

分析、测量、鉴定后的样品，可依学术价值高低，确定全部或部分保留。样品应按各专业的要求保管。制片可永久保存。

（4）计算及统计资料整理

依据 GB/T 34656 和 HY/T 140 进行计算、统计、整理。调查结果统计表见附件 B-8～附件 B-10。

5.4.7 游泳动物

游泳动物调查及分析参照 GB/T 12763.6、SC/T 9403、《海洋水产资源调查手册》①和《全国海岸带和海涂资源综合调查简明规程》②要求进行。

（1）样品采集

根据待调查游泳动物不同类群及其不同生活史阶段的生态习性，选择专业调查船进行调查。如受条件限制，可选择适于在调查海区作业且设备条件良好的渔船作为调查船，需要具有调查用的甲板及拖网绞车等机械设备；具有进行样品分析所需的实验室或场所；有调查需要的电源；船尾适于拖网作业，可低速航行。调查均安排在白天进行，风力小于 6 级，每船必须加充足的冰块，以保证航次样品保鲜。调查统一采用单船底拖网调查。每站拖网 1 h，拖速 3 kn。

渔业资源拖网调查所用网具为单拖底拖网，网口 1080 目，网目尺寸 40 mm，网口周长 51.5 m，网囊网目 20 mm 左右（或向船长了解使用的拖网网口宽度、高度、网目大小，并做好记录）。每站拖网 1 h，平均拖速 2～3 kn。拖网时，网口宽度约 5 m。

放网：在距标准站位位置 2～4 n mile 时放网，经 1 h 拖网后正好到达标准站位位置或附近。放网前测定船位，放网时间以绳索着底开始受力时为准。

拖网：拖网方向朝着标准站位，记录鱼群映象出现的水层、经纬度和拖网速度的改变情况，要注意周围船只动态和调查船的拖网是否正常等。若出现不正常拖网，应视其情况改变拖向或立即起网。

---

① 黄海水产研究所. 海洋水产资源调查手册. 上海：上海科学技术出版社，1981.

② 全国海岸带和海涂资源综合调查简明规程编写组. 全国海岸带和海涂资源综合调查简明规程. 北京：海洋出版社，1986.

起网：起网前测定船位，起网时间以起网机开始卷收曳纲的时间为准。如遇严重破网应重新拖网。

记录渔捞要素：把每站渔捞要素记录在表（拖网卡片）。

可选做环境 DNA：水样采集方法及处理方法见附录 A，并根据具体情况优化。

（2）样品处理

渔获物现场分类并记录种类，样本冰冻保存带回实验室，详细测定生物学数据。生物学测定采用随机取样法收集各种类的样品，超过 50 个的种类，随机抽取 50 个进行生物学测定，不足 50 个则测定全部样品，生物学测定内容包括体长、体重、性别等生物学特性。

记录估计的网次总重量（kg）。总重量在 30～40 kg 以下时，全部取样分析；总重量大于 40 kg 时，随机取出样品 20 kg 左右（或是按照 30%～50%比例取样，并做好记录）；样品装箱扎好标签，及时冰鲜或速冻或浸制。特殊小型标本要装好瓶子放好标签，用 5%的甲醛或工业酒精固定；大型样品及时冰鲜或速冻保存。

（3）样品保存

分析、测量、鉴定后的样品，应尽量全部保留。保留样品应按各专业的要求保管。

（4）计算及统计资料整理

按照规范要求对调查结果进行计算，并对统计资料进行整理。游泳动物调查结果统计表见附件 B-12～附件 B-15。

5.4.8 鱼卵及仔稚鱼

（1）样品采集

鱼卵及仔稚鱼调查及分析均按 GB/T 12763.6、HY/T 147.5、SC/T 9403

要求进行。

定性采样：一般在海水表层（0～3 m）或其他水层进行水平拖网10～15 min，船速为 1～2 kn。所用网具，水层及拖网时间应分别根据调查的目的和调查区鱼卵和仔稚鱼密度来决定。

定量采样：由海底至海面垂直或倾斜拖网。落网速度为 0.5 m/s，起网速度为 0.5～0.8 m/s。也可采用定性采样方法进行。

出海前仔细检查网底管和网衣是否破损。定量样品采集使用浅水Ⅰ型浮游生物网（口径 50 cm，长 145 cm）自底至表垂直取样，定性样品采集使用大型浮游生物网（口径 80 cm，长 280 cm）。采集的样品经 5%甲醛海水溶液固定保存后，在实验室进行样品分类鉴定和计数。

（2）样品分析

按照 GB/T 12763.6 中“鱼类浮游生物调查”或 HY/T 147.5 中“鱼类浮游生物-体视显微镜计数法”要求进行。

（3）样品保存

分析、测量、鉴定后的样品，可依学术价值高低，确定全部或部分保留。保留样品应按各专业的要求保管。

（4）计算及统计资料整理

按照规范要求对调查结果进行计算，并对统计资料进行整理。鱼卵及仔稚鱼调查表见附件 B-16 和附件 B-17。

5.4.9 微生物

（1）沉积物采样方法

参考 GB/T 12763.6 和 GB 17378.7 中微生物调查要求采集沉积物样品。需要注意采样瓶、袋应预先灭菌；实验室内分样和分离培养鉴定过程中，均按无菌操作要求进行。每个样点采集 2 个平行样品，一份样品冻存于–20℃，用于分离培养细菌及细菌总数测定，另一份样品冻存于–80℃液氮罐，用于后续沉积物样品的基因组 DNA 提取，进行微生物扩增子高通量测序及病毒宏基因组测序。

（2）沉积物细菌计数、分离培养和分子鉴定

泥样细菌计数采用平板计数法：取沉积物泥样约 2 g，置于装有无菌生理盐水并加玻璃珠的三角瓶（500 mL）中，充分摇荡，制成悬浮液。保存余下的泥样供测干重。

培养基配置：2216E 培养基（蛋白胨 5 g，酵母粉 1 g，琼脂 20 g，过滤海水 1 L，pH 7.0），灭菌，倒平板。

生理盐水（0.9%氯化钠）准备：9 mL/试管，灭菌。

稀释涂布：吸取 1 mL 悬浮液样品于 9 mL 灭菌生理盐水试管中，充分混匀，再从该试管中吸取 1 mL 液体样品，加入另一支 9 mL 灭菌生理盐水试管中，依次梯度稀释，制成不同梯度稀释液，每个稀释度取 100 μL 液体，涂布到 2216E 培养基平板上，每个稀释度重复三个平板。

培养：将平板倒置于恒温培养箱，培养 4～5 d。

计数：分别计算平板上菌落数。

计算泥样含菌数：

$$N = N_a \times V_s \times D / V \times W$$

式中，N——菌数，CFU/g；

N_a——三个平板的平均菌落数，CFU；

V_s——悬浮液体积，mL；

D——悬浮液的再稀释倍数；

V——接种量，mL；

W——制悬浮液泥样的干重，g。

分离纯化：观察平板上的菌落生长情况，根据菌落大小、颜色和饱满度等特征，挑取单菌落到新的对应培养基平板上，连续纯化 3 次。

16S rRNA 基因模板的制备：将平板上分离纯化的微生物菌种，接入对应的液体培养基中，培养至生长对数期，收集菌悬液 2 mL，12 000 r/min 离心 5 min，弃掉上清液，收集菌体沉淀。使用细菌基因组 DNA 提取试剂盒提取 DNA，操作步骤按照该试剂盒说明进行，最终得到菌体的 DNA 样品。

16S rRNA 基因的扩增：以 27F（5'-AGAGTTTGATCCTGGCTCAG-3'）和 1541R（5'-AAGGAGGTGATCCAGCCGCA-3'）为引物，PCR 扩增得到 16S rRNA 基因。PCR 反应体系为 40 μL，其中含 1 μL 27F，1 μL 1541R，2×Taq PCR Mastermix 20 μL，ddH$_2$O 16 μL。反应条件为 94℃预变性 5 min 之后，94℃ 1 min，55℃ 1 min，72℃ 1.5 min，30 次循环，72℃延伸 1.5 min。PCR 产物送至测序公司测序分析，经过与 NCBI 和 EzBioCloud Database 数据库（https://www.ezbiocloud.net/）比对，确定细菌的分类地位。

（3）沉积物微生物扩增子高通量测序

沉积环境 DNA 的提取：提取流程按照土壤基因组 DNA 提取试剂盒中的说明进行操作。

DNA 样品检测合格后，利用合适的通用引物扩增 16S rRNA 基因（细菌和古菌）、ITS 基因（真菌，推荐）和 18S rRNA 基因（真核微生物，推荐）高变区或功能基因，并基于二代测序平台对文库进行双末端测序。首先对测序得到的原始数据（raw data）进行拼接、过滤，得到干净数据（clean data）。然后基于干净数据进行 OTUs（operational taxonomic units）聚类和物种分类分析。根据 OTUs 聚类结果，一方面对每个 OTU 的代表序列做物种注释，得到对应的物种信息和基于物种的丰度分布情况。同时，对 OTUs 进行丰度、Alpha 多样性、Venn 图和花瓣图等分析，以得到样本内物种丰富度和均匀度信息、不同样本或分组间的共有和特有 OTUs 信息等。另一方面，可以对 OTUs 进行多序列比对并构建系统发生树，通过 PCoA、PCA、NMDS 等降维分析和样本聚类树展示，可以探究不同样本或组别间群落结构的差异，为进一步挖掘分组样本间的微生物群落结构差异奠定基础。

（4）沉积物病毒宏基因组测序（推荐）

沉积环境 DNA 的提取：提取流程按照土壤基因组 DNA 提取试剂盒中的说明进行操作。

宏基因组建库测序：DNA 样品检测合格后，使用 Covaris 超声波破碎仪对其进行随机打断，再经末端修复、加 A 尾、加测序接头、片段筛选、PCR 扩增和纯化步骤完成整个文库制备工作，得到最终的 DNA 文库。对建好的文库进行质量检测，合格后进行测序，得到存储有测序 reads 序列信息与测序质量信息的 fastq 文件。

质量控制与宏基因组组装：分别获得每个样本的原始测序数据之后，对其进行质量控制，即通过质量检测去掉接头与低质量碱基，使用 Trimmomactic 去掉 reads 3'端和 5'端的接头与引物，去除长度小于 50 bp、平均碱基质量值低于 20，含有较多未知碱基的 reads，留下高质量 reads 进行后续分析，选择使用 MEGAHIT 对质量控制之后的高质量 reads 进行拼接，对组装后的序列进行后续分析。

挖掘病毒基因组：使用 VirSorter 来识别合并出数据中的病毒序列。

病毒分类：使用 vConTACT（https://www.biostars.org/）进行病毒分类。

（5）水体采样方法

在各站位采集海水 500 mL（推荐），用 200 μm 筛绢除去大型浮游生物后，用 2 μm 的聚碳酸酯膜过滤，再将处理好的海水过滤到 0.22 μm 的聚碳酸酯膜上，所得滤膜用锡箔纸包裹。每个样点采集 3 个平行样品，一份滤膜冻存于–20℃，用于分离培养细菌及细菌总数测定，另外两份滤膜冻存于–80℃液氮罐，用于后续水体样品的基因组 DNA 的提取，分别进行微生物扩增子高通量测序及病毒宏基因组测序。

（6）水体样品的细菌计数、分离培养和分子鉴定

取一张过滤海水后的 0.22 μm 聚碳酸酯膜，置于装有无菌生理盐水并加玻璃珠的三角瓶（200 mL）中，充分摇荡，制成悬浮液。

其余部分同沉积物细菌计数、分离培养和分子鉴定。

（7）水体微生物扩增子高通量测序

水体环境 DNA 的提取：取一张过滤海水后的 0.22 μm 聚碳酸酯膜，提取流程按照水体基因组 DNA 提取试剂盒中的说明进行操作。

其余部分同沉积物微生物扩增子高通量测序。

（8）水体病毒宏基因组测序（推荐）

水体环境 DNA 的提取：取一张过滤海水后的 0.22 μm 聚碳酸酯膜，提取流程按照水体基因组 DNA 提取试剂盒中的说明进行操作。

其余部分同沉积物病毒宏基因组测序。

（9）样品保存

分析、测量、鉴定后的样品，可依学术价值高低和后续分析需要，确定全部或部分保留。保留样品应按各专业的要求保管。

（10）计算及统计资料整理

按照规范要求对调查结果进行计算，并对统计资料进行整理。微生物调查表见附件 B-18。

6 潮间带生物调查技术要求

6.1 调查站位布设原则

潮间带调查应提前布设好调查断面与站位，依据 GB/T 12763.6 及 GB/T 42639 进行布设。

（1）通常应选择在滩面底质类型相对均匀、潮间带类型较完整、无人为破坏或人为扰动较小且相对较稳定的地点至少布设 1 个调查断面；如果调查内容包含潮间带底质调查，尽量与潮间带生物调查断面一致。

（2）断面的高潮区、中潮区和低潮区均需采集样品，原则上每个断面布设的调查站位不少于 5 个，具体可以考虑生境实际情况及经费情况布设，但不得少于 3 个，建议在高潮区、中潮区、低潮区各布设 1 个站位。

（3）平行定量样方数量，岩滩每站不少于 2 个，沙砾滩与粉砂淤泥质滩每站应不少于 4 个，生物量少的站位适当增加样方数量。

（4）定量样方面积大小：岩滩一般为 25 cm×25 cm（长×宽），在生物密集区为 10 cm×10 cm（长×宽）；沙砾滩与粉砂淤泥质滩为 25 cm× 25 cm×30 cm（长×宽×深）。

（5）定量采样同时进行定性采样与观察；在断面高潮区、中潮区和低潮区，分别采集至少 1 个样品。

（6）调查断面附近有沟渠或近岸水体时，应与生物调查同步开展 1 次水体环境调查。

6.2 调查指标

（1）水环境：水温、pH、溶解氧、盐度、透明度、色度、水深、石油类、化学需氧量、总磷、活性磷酸盐、总氮、亚硝酸盐氮、硝酸盐氮、氨氮、叶绿素 a 等指标。

（2）沉积环境：底质类型、pH、底温、盐度、容重、含水率、总氮、总磷、粒度、有机碳、石油类、重金属及类金属（铜、锌、铬、汞、镉、铅、砷等）、硫化物等指标。

（3）大型底栖生物：类群、生物种、密度、生物量等指标；对定性采集到的海草和大型海藻等进行形态学测量，测量指标包括株高、叶长、叶宽、根茎长、茎节直径和茎节数目等。

（4）小型底栖生物：类群、生物种、密度、生物量等指标。

（5）微型底栖生物：类群、生物种、密度、生物量等指标。本调查和评价仅研究真核微型底栖生物。

（6）鱼类：种类、数量、密度、生物量等指标。

（7）微生物：类群、生物种、每克样品中含有的菌落总数等指标。

各调查区域可根据实际情况和调查目标对调查项目进行适当增减。各类生物可根据实际情况和需求，选测环境 DNA 等指标。

6.3 调查时间及频次

根据 GB/T 12763.6 及 GB/T 42639，环境及生物调查同步进行。

（1）潮间带采样必须在大潮期间进行；或在大潮期间进行低潮区取样，小潮期间再进行高、中潮区的取样。

（2）对于基础（背景）调查，通常按春季、夏季、秋季和冬季进行一年四个季度月调查。对于一些专项调查，根据要求可选择春、秋季两个季度月进行调查。

（3）沉积物调查同一断面在不同时段或采用不同方式现场调查时，应保证调查断面空间完整性，调查时间间隔不超过 1 个大、小潮周期。

6.4 调查技术方法

6.4.1 水环境

（1）采样方法

调查断面附近有沟渠或近岸水体时，采集表层样品，每个采样点采集水样量视分析项目而定。除现场测定或处理的水样外，其余待测水样须放入 2～5℃的医用冷藏保温箱冷藏保存。运输回实验室后，尽快冷冻保存。

（2）其他（水质监测、样品保存、计算及统计资料整理）

同“5.4.1 水环境”调查技术方法执行。

6.4.2 沉积环境

（1）采样方法

按照 HJ 442.4、GB/T 42639、GB/T 36197 和 HJ/T 166，根据实际情况，于退潮期间在每个站位（大型底栖生物取样区域）用不锈钢铲采集浅层 0～5 cm、深层 20～30 cm 两种不同层次的未经人为干扰的沉积物样品并充分混匀。样品量视分析项目而定。带回实验室的样品，均应在阴冷处保存，最好放在冰箱或冷库中保存。

（2）沉积物测定

底温的测量参照 LY/T 1219 执行。

其余分析方法同“5.4.2 沉积环境”调查技术方法执行。

（3）其他（样品保存、计算及统计资料整理）

同“5.4.2 沉积环境”调查技术方法执行。

6.4.3 大型底栖生物

（1）采样方法

依据 GB/T 12763.6 要求，结合实际情况，按照底质类型选取不同规格定量框进行潮间带生物取样。同时进行生物样品采集和环境样品采集，其中生物样品采集分为定量取样及定性取样。采样方法如下：

①滩涂定量取样：每站位样方位置确定用标志绳索（每隔 5 m 或 10 m 有一个标志），绳索于站位两侧水平拉直，严格按照标志绳索所标位置取样。取样时，先将取样器挡板插入框架凹槽，将其插入滩涂内，观察记录框内表面可见的生物及数量，然后用铁锹清除挡板外侧的泥沙再拔去挡板，以便铲取框内样品。铲取样品时，若发现底层仍有生物存在，应将取样器再往下压，直至采不到生物为止，一般深度达 30 cm。

岩石岸定量取样：取样时，先将定量框内的易碎生物（如牡蛎、藤壶等）计数，并观察记录优势种的覆盖面积。然后用小铁铲、凿子或刮刀将框内所有生物刮取净。

②定性取样：为全面反映各断面生物的组成和分布，应尽量将站位附近出现的生物种类收集齐全，以作分析参考。在进行大型底栖生物定性调查时，尽量采集视野中出现的重要大型底栖生物，包括海草或藻类，并对其进行鉴定和标本制备。

可选做环境DNA：采集调查站位的水样和泥样，用以进行环境DNA宏条形码分析，采样方法及样品处理方法见附录 A，并可根据具体情况优化。

（2）其他（样品处理、整理及分析、鉴定、保存、计算及统计资料整理）

同“5.4.4 大型底栖生物”调查技术方法执行。

6.4.4 小型底栖生物

（1）样品采集

依据 GB/T 12763.6 和 GB/T 34656，小型底栖生物潮间带采样与大型底栖生物调查同步开展，即在选定潮滩区的代表性断面和站位（高潮、中潮和低潮），进行沉积物样品的采集。

每站按工作需要取芯样 2～4 个。泥质滩取芯样长度 8～10 cm，划分为 0～2 cm、2～5 cm、＞5 cm；泥砂质滩取芯样 12～16 cm，划分为 0～4 cm、4～8 cm、8～12 cm、12～16 cm；砂质沉积物采样深度应参考潜水面深度设计 4 个分层，每 4 cm 一层。砂质滩需借助橡皮锤敲击取样管顶部，以达到所需取样深度。

小型底栖生物形态分析的样品取样后加入等体积的 10%福尔马林溶液固定，置于阴凉处保存，带回实验室后待分析。

可选做环境 DNA：刮取表层沉积物样品 20 g 以上存于无菌密封袋，–80℃保存，具体操作参见附录 A。

（2）其他（样品分析、保存、计算及统计资料整理）

同“5.4.5 小型底栖生物”调查技术方法执行。

6.4.5 微型底栖生物

（1）样品采集

依据 GB/T 12763.6、GB/T 34656 和 HY/T 140，微型底栖生物潮间带采样与大型和小型底栖生物调查同步开展，即在选定潮滩区的代表性断面和站位（高潮、中潮和低潮），可直接插管进行沉积物样品的采集，每站按工作需要随机采取未受干扰的样品 3～5 个。

潮间带采样按底质情况分层：砂质泥/砾质泥沉积物进行 0～2 cm、

2～5 cm、5～8 cm（或 5～10 cm）分层；泥质/淤泥质沉积物进行 0～0.5 cm、0.5～2 cm、2～5 cm、5～8 cm 分层；砂质沉积物采样深度应参考潜水面深度设计 4 个分层。将样品分层切片后，分别装入不同样品瓶内。

加入等体积的 4%冷戊二醛溶液固定（终浓度为 2%），置于阴凉处保存，带回实验室后待制片用于微型底栖生物形态分析。

可选做环境 DNA：刮取表层沉积物样品 20 g 以上存于无菌密封袋，–80℃保存，具体操作参见附录 A。

（2）其他（样品分析、保存、计算及统计资料整理）

同“5.4.6 微型底栖生物”调查技术方法执行。

6.4.6 鱼类

（1）样品采集

参考 GB/T 12763.6 及 HY/T 215 对潮间带鱼类多样性进行调查，主要选择在每个断面的低潮带进行采样。采用手推推移兜状抄网和简易无囊地拉网作为样品定性采集工具，同时采集调查站位的水体样品。

可选做环境 DNA：采集调查站位的水样，用以进行环境 DNA 宏条形码分析，采样方法及样品处理方法见附录 A，并可根据具体情况优化。

（2）样品处理

首先在调查现场对鱼类进行拍照、初步鉴定。统计不同种类的个体数量。对标本进行长度测量和称重。鱼体长度测量以 mm 为单位，使用游标卡尺测量。体重以 g 为单位。记录各站位鱼类种类及数量、水样温度及盐度等数据。每个种类选择 3～5 尾用 95%乙醇固定，需进行进一步形态学鉴定的标本放入 10%福尔马林溶液中固定保存。

（3）样品保存

分析、测量、鉴定后的样品，可依学术价值高低及后续分析需要，确定全部或部分保留。保留样品应按各专业的要求保管。

（4）计算及统计资料整理

按照规范要求对调查结果进行计算，并对统计资料进行整理。调查结果统计表参考附件 B-12～附件 B-15（附件 B-12 中拖速、拖网时间、拖网宽度不需要填写）。

6.4.7 微生物

（1）采样方法

参考 GB/T 12763.6 微生物调查及潮间带生物调查，根据实际情况，于退潮期间在每个站位（底栖生物取样区域）采样。采样方法同“5.4.9 微生物”调查技术方法执行。

（2）其他（样品分析、保存、计算及统计资料整理）

同“5.4.9 微生物”调查技术方法执行。

7 潮上带生物调查技术要求

7.1 调查样地选择

参照 HJ 1169、T/CAOE 20.4 等相关规范选择样地，应结合历史调查情况以及遥感解译结果，尽量与历史样地相吻合，以便开展历史趋势分析。

（1）具有代表性和典型性，能够反映调查区生物和栖息环境的全貌，避免在权属不清、变更频繁的地区选择样地。

（2）应包含所有代表性的生物群落类型，是群落调查的主体内容，应保证调查区内典型和特殊群落得到重点和细致的调查，为群落复查和长期监测等持续性管理提供依据。

（3）外业采样一般依托已有固定样地，并根据各区域实际情况适当安排，如在生态系统类型交错和复杂的区域适当增加个数，在类型单一的区域可适当减少样地个数等。

（4）针对观测对象，在可能的情况下，至少选择 2 个能够代表观测对象的样地，地表覆盖相对均一，每个样地面积为乔木≥10 000 m^2，灌丛≥2 500 m^2，草本≥100 m^2。

（5）在每个样地设置不少于 3 个重复样方，样方四周应尽可能有 10 m 以上缓冲区，样方应反映生态系统随地形、土壤和人为环境等的变化特征。

（6）根据不同植被类型设置不同样方大小。乔木样方大小为 20 m×20 m，灌丛样方大小为 10 m×10 m，草本样方大小为 1 m×1 m。

（7）对于均一地面样地，样方布设应在区域内进行简单随机抽样代替整体分布。

（8）对于非均一地面样地，应根据样地内空间异质程度进行分层抽样，要求层内相对均一，并在层内进行局部均匀采样，表达各层的参数。

（9）样地内有水体环境时，应与植物群落样方调查同步开展 1 次调查。

7.2 调查指标

（1）湿地植被：草本植物调查指标为类群、生物种、株数、高度、频度、单个物种盖度、样方草本植物的总盖度、密度、生物量等指标；木本植物调查指标为类群、生物种、株数、高度、冠幅、胸径、样方木本植物的盖度、密度、生物量等指标。

（2）土壤环境：土壤容重、粒度、盐分、总碳、有机碳、总氮、总磷、铵态氮、硝态氮、总汞、镉、锌、铅、铜、砷、铬等指标。

（3）水环境：水温、pH、溶解氧、盐度、透明度、色度、水深、石油类、化学需氧量、总磷、活性磷酸盐、总氮、亚硝酸盐氮、硝酸盐氮、氨氮、叶绿素 a 等指标。

（4）沉积环境：底质类型、pH、底温、盐度、容重、含水率、总氮、总磷、粒度、有机碳、石油类、重金属及类金属（铜、锌、铬、汞、镉、铅、砷等）、硫化物等指标。

（5）浮游生物：类群、生物种、密度、生物量等指标。

（6）大型底栖生物：类群、生物种、密度、生物量等指标。

（7）游泳动物：类群、生物种、密度、生物量等指标。

（8）微生物：类群、生物种、每克样品中含有的菌落总数等指标。

各调查区域可根据实际情况和调查目标对调查项目进行适当增减。各类生物可根据实际情况和需求，选测环境 DNA 等指标。

7.3 调查时间及频次

参考 T/CAOE 20.4 相关内容。一般情况下，每年开展一次调查，调查时间宜为 7—10 月；如需了解潮上带植被的季节变化规律，应每年按季度开展 4 次调查，调查时间分别为春季（3—5 月）、夏季（6—8 月）、秋季（9—11 月）、冬季（12—2 月），具体调查时间及频次可根据调查植被生长规律确定。

7.4 调查技术方法

7.4.1 湿地植被

（1）样品采集

调查样地选择尽量与历史调查样地基本一致。为了避免调查随机误差，每个调查样地设置 3 个重复样方，记录样方内植物种类、各物种中文学名、各物种株数、株高、盖度、频度等常规生态学指标。

（2）样品处理

①木本植物

a. 类群

记录木本植被的名称。物种名称参照权威专著、文献或数据库。对观测现场不能鉴定或有疑问的种，须采集标本、拍照、记录植物个体编号，请分类专家鉴定。具体操作步骤参照 HJ 710.1 执行。

b. 生物种

记录木本植被的种类。物种分类系统参照权威专著、文献或数据库。具体操作步骤参照 HJ 710.1 执行。

c. 株数

以株、丛为单位，记录样方内目标物种的总个体数。不应有误差。具体操作步骤参照 HJ 710.1 执行。

d. 高度

测量从地面到植株茎叶最高处的垂直高度，以 m 为单位，测量误差小于 3%。具体操作步骤参照 HJ 710.1 执行。

e. 冠幅

分别测量灌木个体树冠东西、南北两个方向的宽度。具体操作步骤参照 HJ 710.1 执行。

f. 胸径

枝干离地面 1.3 m 处为胸径测量的标准位置。具体操作步骤参照 HJ 710.1 执行。

g. 样方木本植物的总盖度

样方木本植物的总盖度为样地内乔木、灌木覆盖地面投影面积占样方面积的百分比，以%为单位。通常采用目测估计法。具体操作步骤参照 HJ 710.1 执行。

h. 密度

木本植物种植密度是指在单位面积上按合理的种植方式种植的植株数量。

i. 生物量

对湿地中的森林群落，生物量观测的内容主要为地上生物量，包括立木和冠层下部观测，立木与冠层下部生物量之和即为样方生物量，具体如下：

a）立木地上生物量观测：对样方内所有林木进行测量，获取其树高、胸径等地面观测数据，依据异速生长方程计算，采样及计算方法具体依据 LY/T 2258—2014 和 LY/T 2259—2014 相关要求执行，对所有立木生物量求取总值并除以样方面积，获取 1 m^2 面积的立木生物量；

b）冠层下部生物量观测：在样方内，随机选择不小于 4 个区域，分别收集其中全部地上植被，称量鲜重，并从中抽取不少于 5%的样品，105℃下烘干至恒重称干重，获取植株含水量，进而获得实测的地上生物量，计算生物量总值并除以样方面积，作为冠层下部单位面积的生物量。

木本植物的地下生物量根据根冠比来计算，采样及计算方法具体依据 LY/T 2258—2014 和 LY/T 2259—2014 相关要求执行。

②草本植物

a. 类群

记录草本植被的名称。物种名称参照权威专著、文献或数据库。对观测现场不能鉴定或有疑问的种，须采集标本、拍照、记录植物个体编号，请分类专家鉴定。具体操作步骤参照 HJ 710.1 执行。

b. 生物种

记录草本植被的种类。物种分类系统参照权威专著、文献或数据库。具体操作步骤参照 HJ 710.1 执行。

c. 株数

以株为单位，记录样方内目标物种的总个体数，不应有误差。具体操作步骤参照 HJ 710.1 执行。

d. 高度

测量从地面到植株茎叶最高处的垂直高度，以 m 为单位，测量误差小于 3%。具体操作步骤参照 HJ 710.1 执行。

e. 频度

在一个群落中随机选取大量样方，某种植物出现的样方数占全部样方数的百分比为该物种的频度。

f. 单个物种盖度

采用目测估计法，估测单个物种的垂直投影面积占样方面积的百分比，以%为单位。具体操作步骤参照 HJ 710.1 执行。

g. 样方草本植物的总盖度

采用目测估计法，估测样方框内所有的垂直投影面积占样方面积的百分比，以%为单位。具体操作步骤参照 HJ 710.1 执行。

h. 密度

计算某样方内某种植物的个体数/样方面积的值。

i. 生物量

a）地上生物量部分：针对湿地草地群落，生物量野外观测应选择植物生长高峰期时进行，主要方法是将不少于 3 个样方内植物地面以上所有绿色部分用剪刀齐地面剪下，不分物种按样方分别装进信封袋，做好标记。对采集的样本进行称量鲜重后，65℃烘干至恒重称量干重，将多个样方内干重值求平均，得到单位面积（1 m^2）的生物量。

b）地下生物量部分：通过一定量的样方实测获取样地范围的根冠比，根据实测根冠比推算其他样方的地下生物量。

（3）数据处理

①出现频率计算

$$W_1 = n_1 / n$$

式中，W_1——某物种出现频率；

n_1——目的物种分布的样方（带）数；

n——总样方（带）数。

②分布面积计算

$$A_1 = AW_1$$

式中，A_1——某物种分布面积；

A——调查区域总面积；

W_1——某物种出现频率。

③资源量计算

$$N = A_1 \sum N_i / \sum S_i$$

式中，N——某物种资源总量；

A_1——某物种分布面积；

N_i——某物种在第 i 个样方（带）的分布量；

S_i——某物种在第 i 个样方（带）的分布面积。

（4）样品保存

分析、测量、鉴定后的样品，可依学术价值高低，确定全部或部分保留。保留样品应按各专业的要求保管。

（5）统计资料整理

按照规范要求对调查结果及统计资料进行整理。调查表见附件 B-19 和附件 B-20。

7.4.2 土壤环境

（1）样品采集

参考 GB/T 36197 和 HJ/T 166，选择在湿地植被调查样方内进行土壤调查，采集土壤量视分析项目而定。建议将土壤样本冷藏贮存于 5℃以下，有助于降低样本的变化和变质，必要时须冷冻保存。

（2）土壤测定

①容重

环刀法。利用一定容积的环刀切割自然状态的土壤，使土壤充满其中，称量后计算单位体积的烘干土壤质量，即为容重。具体操作步骤参照 NY/T 1121.4 执行。

②粒度

将通过 2 mm 筛孔的风干土样制成悬浊液。粒径大于 0.063 mm 的颗粒由一定孔径的筛子筛分；小于 0.063 mm 的颗粒则依据斯托克斯定律，采用吸液管法或者比重计法测定。根据各级颗粒质量计算其百分含量，并在半对数纸上绘制土壤粒径累积分布曲线，从而确定土壤粒度。具体操作步骤参照 HJ 1068 执行。

③电导率

取自然风干的土壤样品，以 1∶5 比例加入水，在（20±1）℃的条件下振荡提取土壤溶液，在（25±1）℃条件下测定提取液的电导率。具体操作步骤参照 HJ 802 执行。

④全碳

取适量过 100 目筛的风干土壤样品，用元素分析仪测定土壤全碳含量。

⑤全氮

用高锰酸钾将样品中的亚硝态氮氧化为硝态氮后，再用还原铁粉使全部硝态氮还原，在加速剂的参与下，用浓硫酸消煮，经过高温分解反应，将各种含氮化合物转化为铵态氮，碱化后蒸馏出来的氨用硼酸溶液吸收，用硫酸（或盐酸）标准溶液滴定，求出土壤全氮含量。具体依据 NY/T 1121.24 相关要求执行。

⑥全磷

分光光度法。样品在催化剂的作用下，用浓硫酸破坏沉积物中的有机物，使样品中的有机磷和无机磷均以 PO_4^{3-}的形式存在，在酸性溶液中，用钒钼酸铵处理，生成黄色的$(NH_4)_3PO_4NH_4VO_3 \cdot 16MoO_3$，在波长 420 nm 处比色测定。具体操作步骤及数据记录表参照 GB 17378.5 执行。

⑦铵态氮、硝态氮

采用氯化钾溶液提取法提取土壤中的养分含量。具体依据 GB/T 42485 相关要求执行。

⑧有机碳

重铬酸钾氧化-还原容量法。在浓硫酸介质中，加入一定量的标准重铬酸钾，在加热条件下将样品中有机碳氧化成二氧化碳。剩余的重铬酸钾用硫酸亚铁标准溶液回滴，按重铬酸钾的消耗量，计算样品中有机碳的含量。具体操作步骤及数据记录表参照 GB 17378.5 执行。

⑨重金属

铜、锌、铅、镉测定均采用火焰原子吸收分光光度法，汞、砷测定采用原子荧光法，铬测定采用无火焰原子吸收分光光度法。具体操作步骤及数据记录表参照 GB 17378.5 执行。

铜、铅、镉、锌、铬和砷也可采用电感耦合等离子体质谱法，具体操作步骤及数据记录表参照 HY/T 147.2 执行。

（3）样品保存

分析后的土壤样品，可依学术价值高低，确定全部或部分保留。保留样品应按各专业的要求保管。

（4）计算及统计资料整理

按照规范要求对调查结果进行计算，并对统计资料进行整理。调查表见附件 B-21。

7.4.3 水环境

（1）水样采集

调查区域有水体环境时，使用有机玻璃采水器采集表层水样。水深≤10 m 时仅采表层样；水深在大于 10 m 小于 25 m 时采集表、底层海水；水深大于 25 m 时，采用三点法（表层、中层、底层）采样。采集水样量视分析项目而定。除现场测定或处理的水样外，其余待测水样须放入 2～5℃的医用冷藏保温箱冷藏保存。运输回实验室后，尽快转移至–20℃冷柜中冷冻保存。

（2）其他（水质监测、样品保存、计算及统计资料整理）

同“5.4.1 水环境”调查技术方法执行。

7.4.4 沉积环境

（1）沉积物采集

根据现场实际情况，水体环境选取 3 个不同水深的采样区（浅、中、深）进行采样。在每个采样区使用铁铲或其他合适工具采集 0～30 cm 的沉积物平行样品。采集样品量视分析项目而定。带回实验室的样品，均应在阴冷处保存，最好放在冰箱或冷库中保存。

（2）其他（沉积物测定、样品保存、计算及统计资料整理）

同“5.4.2 沉积环境”调查技术方法执行。

7.4.5 浮游生物

（1）样品采集

参照 SC/T 9402 调查水体环境中的浮游生物。浮游生物采用人工拖网法和采水法采集，拖网型号为 13#浮游生物网和 25#浮游生物网。其操作步骤如下：

①浮游植物样品采集：定量样品应在定性采样之前用采水器采集。每个采样点采集水样 1 L（分层采样时，各层水样混合后取 1 L）。定性样品用 25#浮游生物网，使网口在水下 50 cm 处作“∞”字形缓慢拖曳采集。

②浮游动物样品采集：枝角类和桡足类定量样品应在定性采样之前用采水器采集，每个采样点应采水样 10～50 L，再用 25#浮游生物网过滤浓缩至 100 mL。原生动物、轮虫和无节幼体定量样品，可用浮游植物定量样品，或者采集 10～50 L 水样混合后，先取 1 L 混合水样供浮游植物和小型浮游动物定量用，其余用网过滤后供大型浮游动物定量。

枝角类和桡足类定性样品应用 13#浮游生物网，使网口在水下 50 cm 处作“∞”字形缓慢拖曳采集。原生动物、轮虫和无节幼体的定性样品应用 25#浮游生物网，网口在水下 50 cm 处作“∞”字形缓慢拖曳采集。

可选做环境 DNA：按照水深分层采集水样以备后续环境 DNA 监测，具体操作见附录 A，并可根据具体情况优化。

（2）其他（样品分析、保存、计算及统计资料整理）

同“5.4.3 浮游生物”调查技术方法执行。

7.4.6 大型底栖生物

（1）样品采集

水体环境大型底栖生物调查方法采用样线法。在观测样地内选定一条样线或者断面，每条样线或者断面上间隔一定距离设置一个样点，每条样线或者断面设置 3 个样点，分别位于靠岸的左侧或右侧、采样区 1/4 处和采样区 1/2 处。断面和样点的设置也可以根据观测区人类经济活动对水域的干扰程度做适当调整。

调查水域大型底栖生物采泥参考 HJ 710.8，采泥面积一般为 1/8～1/3 m^2，推荐使用彼得逊采泥器或改良版彼得逊采泥器采集，每次取 2～4 次。采样厚度一般为 10～15 cm，若为疏松底质，则需要穿透 20 cm 底质。之后将采集的底泥放入 500 目筛网中清洗，洗掉淤泥，将筛网中剩余的物质全部放入采样瓶中并加入酒精没过样品。将所有样品放入 2～5℃医用冷藏保温箱保存，尽快运输至实验室检测鉴定。

可选做环境 DNA：采集调查水体环境的水样和泥样，用以进行环境 DNA 分析，采样方法及样品处理方法见附录 A，并可根据具体情况优化。

（2）其他（样品处理、整理及分析、鉴定、保存、计算及统计资料整理）

同“5.4.4 大型底栖生物”调查技术方法执行。

7.4.7 游泳动物

（1）样品采集

调查参考 GB/T 12763 系列标准、《海洋水产资源调查手册》进行调查。具体调查方式有拖网法或人工法。

①拖网法

拖网网具规格为网囊网目 20 mm，拖网长 30 m，拖网纵向两侧分别配置有泡沫浮球和铅锤。在拖网时，拖网一端固定在岸边，另一端需人工快速以半圆弧状牵引至固定端，整个拖网呈现出网兜状，将网兜拖拉至岸边，便捕获到游泳动物。

②人工法

a. 撒网法：在水域面积较小，不满足拖网条件时采取人工撒网捕获游泳动物，撒网网具规格为网目 20 mm，网长 3 m，底部设置有菱形铅锤配重。

b. 地笼法：在拖网法和撒网法无法捕获到游泳动物时，在调查水域布设地笼，地笼规格为网框 33 cm×45 cm，进鱼口直径 10 cm，网骨直径 4 mm。布设地笼时将饵料放入，用于诱捕。在地笼放置 24 h 后收取。

可选做环境 DNA：采水方法及样品处理方法见附录 A，并根据具体情况优化。

（2）其他（样品处理、保存、计算及统计资料整理）

同“5.4.7 游泳动物”调查技术方法执行。

7.4.8 微生物

土壤及沉积物微生物的调查技术方法同“5.4.9 微生物”调查技术方法执行。

8 其他海洋生物调查技术要求

8.1 鸟类

（1）观测样地、样线和样点设置

采用“2000 国家大地坐标系”，按 10 km×10 km 划分网格，网格内滨海湿地面积大于网格面积 25%的作为工作网格。保证每个网格每种生境类型都有样线或样点覆盖，每种生境不少于 1 条样线或 1 个样点，具体根据生境面积大小而定；可在湿地异质性较高的区域，适当增加调查样线或样点数量。

（2）观测指标

开展滨海湿地鸟类群落观测，观测调查区域内所有鸟类物种组成、分布、数量、生境、受胁因素和保护现状，以及调查时间、气象、潮汐等要素信息；重点观测重点保护、珍稀濒危或特有物种。记录表格参照附件 B-24。

（3）调查时间和频次

滨海湿地鸟类调查应在繁殖期、越冬期及迁徙期进行调查，每年不少于 4 次监测，其中繁殖期 1 次、越冬期 1 次、春季和秋季迁徙期各 1 次。在我国，繁殖期一般为 5—7 月，越冬期一般为 12 月至翌年 2 月，其余时间为迁徙期。野外调查应在晴朗、风力不大（一般在三级以下）的天气条件下进行。沿岸和岛屿的林鸟调查时间宜为早晨日出后 0.5 h 至 3 h 或傍晚日落前 3 h 至日落。因鸻鹬类一般退潮时在潮滩觅食，滨海的潮滩、河口和围塘等湿地水鸟调查应考虑潮汐，建议在大潮期退潮时调查。具体调查时间及频次可根据调查内容及目标等实际情况确定。

候鸟迁徙和越冬时，建议在相对一致的时间内，对不同区域或同一区域不同地点的候鸟进行同步调查。

（4）观测方法

调查方法参考 HJ 710.4、DB23/T 3226 和 HJ 628 执行。观测方法要根据鸟类生境类型、生活习性选择，主要有样线法、样点法、分区直数法、红外相机自动拍摄法、非损伤性脱氧核糖核酸（DNA）法等。观测以样线法、样点法和分区直数法为主，其他方法为辅助方法，生境中随机非集群分布的湿地鸟类适用于样线法、样点法，集群分布的湿地鸟类适用于分区直数法，在每年不同时期存在变化的湿地鸟类监测具体按分布特点确定。建议采用奥维或两步路的手机 App 记录观测要素，自动记录的样线信息保存在 GPX、KML 或 KMZ 文件中，结束后及时导出轨迹。样线法、样点法和分区直数法调查时要拍摄生境照、工作照和物种照。

①样线法

样线应尽可能覆盖鸟类在湿地范围内的所有生境类型。样线宽度根据样线两侧记录的范围限定，一般采用不限宽度和可变宽度 2 种方法。样线长度一般 1.5～3 km，样线间距离大于 2 km。监测者按照 1.5～3 km/h 的速度沿样线行进，采用双筒或单筒望远镜观察，长焦镜头相机拍摄物种照。采用奥维或两步路手机 App 或其他方法记录样线起点、观测到的鸟类和终点经纬度坐标，记录样线前方及两侧发现的（包括见到的和听到的）鸟类物种和数量，从监测者后面往前飞的种类和数量不予记录，记录鸟类离中线的垂直距离、活动状况、生境状况和受胁因素。尽可能拍摄物种的高清电子照片或其他音像资料（声音或视频），物种照片尽可能准确反映出该物种的外形特征；样线起点和终点各拍摄至少 1 张生境照片，样线观测过程视生境情况拍摄若干张生境照片；工作照不少于 1 张。照片属性信息应包括拍摄日期、时间以及拍摄点的地理位置信息，提交照片文件数据格式为 JPEG 格式，原则上照片像素不低于 1 000 万。

②样点法

样点应覆盖鸟类在湿地范围内频繁活动的主要生境类型。样点间距离≥500 m，监测者到达预设样点后，准备好监测器材，等待 3～5 min 后开始观测，每个样点观测时间为 10～15 min。监测者按预定规则布设圆形样地，以圆心为中心，按顺时针方向观测统计监测区域内发现的（包括见到的和听到的）鸟类种类及数量，每个个体只记录一次，能够判明是飞出又飞回的鸟不进行计数。拍摄生境、工作照和物种照片，其中生境照和工作照 1 张，照片的格式和大小同样线法。

③分区直数法

对于集群繁殖或栖息的鸟类宜使用分区直数法进行调查。根据地貌、地形或生境类型对整个调查区域进行分区，逐一统计各个分区中的鸟类种类和数量，得出调查区域内鸟类总种数和个体数量。该方法较适用于较小面积的湿地，主要应用于开阔水域内的水鸟或其他集群鸟类的调查。照片的格式和大小同样线法。

④红外相机自动拍摄法

红外感应自动照相机能拍摄到稀有或活动隐蔽的地面活动鸟类。尽量将相机安置在目标动物经常出没的通道上或其活动痕迹密集处。水源附近、取食点、求偶场、倒木、林间道路是鸟类活动频繁的区域，应优先考虑。

在观测样地内按照固定间距设置观测样点，每个观测样点的红外相机间距不少于 1 km。记录各样点名称及编号，并用 GPS 定位仪、奥维或两步路的手机 App 定位。每个样点于树干、树桩或岩石上装设 1 台红外感应自动相机。相机架设位置一般距离地面 0.3～1.0 m，架设方向尽量不朝东（太阳直射处）。相机镜头与地面大致平行、略向下倾，一般与鸟类活动路径呈锐角夹角，并清理相机前的空间，减少对照片成像质量的干扰。

每一个样点应该至少收集 1 000 个相机工作小时的数据。在夏季每个样点需至少连续工作 30 d，以完成一个观测周期。

⑤非损伤性脱氧核糖核酸（DNA）法

依据 HJ 628 规定进行非损伤/伤害性样品取样。对采集的样品逐一编号，记录物种名称、样品类型（羽毛、卵壳等）、采集日期、地点、采集人员等信息。采用干燥保存法（硅胶保存法）、冷冻保存法、酒精保存法等处理并初步保存采集的样品。

对样品进行微量 DNA 提取。采用酚-氯仿抽提法、异硫氰酸胍（GuSCN）裂解法、Chelex-100 沸法、十六烷基三甲基溴化铵（CTAB）两步法或者微量提取试剂盒等提取 DNA 并进行后续测序分析。

8.2 哺乳动物

8.2.1 斑海豹调查

调查监测方法参照 DB21/T 3365 执行。记录表格参照附件 B-25。

（1）监测内容

监测范围为经调查确认的斑海豹分布区域、繁殖区、栖息地和潜在栖息地，监测的主要内容包括斑海豹分布海域、分布时间、分布状况、种群数量。

（2）监测频次和时间

每年开展 2 次调查，时间分别在 11—12 月（斑海豹进入渤海）和 3—5 月（斑海豹陆续离开渤海）。根据斑海豹的生态习性以及监测地区的天气、海况等条件，同步开展监测。每一次监测应在规定的时间段内集中完成，持续时间不超过 30 d。

（3）监测方法

监测方法主要包括直接计数法、抽样调查法、问卷调查法、环境 DNA 方法。

方法一：直接计数法。直接计数上岸点或栖息地斑海豹个体数量，计数对象为斑海豹实体，可借助望远镜、相机、无人机等工具。对于上岸点的斑海豹也可通过闭路电视监控系统（CCTV），进行长期实时监测。

方法二：抽样调查法。斑海豹分布海域调查采用样线法，可根据调查区域分段布线，冰上斑海豹调查采用同样方法。调查对象为斑海豹实体，可借助望远镜、相机等工具。

方法三：问卷调查法。适用于之前较少发现斑海豹的区域，或无法开展目视调查的区域。调查对象包括渔民、沿海居民，调查内容为发现斑海豹的时间、位置及数量等。

方法四：分子生物学方法（环境 DNA 方法）。在斑海豹出现海域通过采集海水样品，监测斑海豹的相对丰度。

8.2.2 其他海洋哺乳动物调查

其他海洋哺乳动物调查的技术手段主要包括目视调查、被动声学监测以及信标追踪监测。记录表格参照附件 B-25。

（1）目视调查

目视调查时间一般从早上 6 点开始至下午 5 点。记录事件的时间和经纬度信息，包括开始、结束、海况和航向变化等。使用手持 GPS 测量经纬度、航速、航向和航程。观察团队有两名观察员分别在船的两侧，以船头为 0°，搜索–90°～90°的海面。观察人员每 30 min 轮换一次，以避免疲劳。当发现哺乳动物群时，观察员报告距离和方位，并使用高速单反相机拍摄背鳍照片以用于个体识别。记录标准参数，包括发现时间、经纬度、角度、目测距离、个体数、体色组成和行为。体色组成包括无斑点幼体（UC）、无斑点青年个体（UJ）、斑点青年个体（SJ）、斑点成年个体（SS）、少斑点成年个体（SA）和无斑点成年个体（UA）六个类别。

（2）被动声学监测

目视调查和被动声学监测同时进行。使用拖曳式水听器在深度超过 3 m 的水域连续记录水下哺乳动物声音信号并实时传输回甲板单元。该拖曳式水听器在水深超过 3 m 的水域进行布放，并在船只后方 50 m 处拖曳，在船只航行时位于水下 1 m 左右。水听器元件灵敏度为 –170 dB re 1V/μPa，工作频带为 20 Hz～200 kHz，2 kHz 以上频段工作自噪声小于 35 dB re 1V/μPa。甲板单元由 PoE（Power over Ethernet）传输/供电模块和运行哺乳动物回声定位信号实时检测程序的 Jetson Xavier NX 计算机组成。发现哺乳动物回声定位信号后，程序会自动记录发现时间。

（3）信标追踪监测

定位信标可以跟踪监测生物的游泳深度、游泳速度及加速度等相关数据，并记录各种声音。以此了解动物的行为、活动轨迹及活力等情况，并获取外界声音对动物行为的影响等信息。在海洋哺乳动物上安装定位信标一般有四种方式。

一是使用特定胶水将跟踪设备粘贴在生物体身上，生物体在出水呼吸时，信号可以发送并被卫星接收到。这类方式对海洋生物几乎没有伤害，但不太稳定，无法对海洋生物进行长期观测，记录的数据量也有限。

二是马甲式，这类设备主要应用在没有背鳍的小型豚类身上，如江豚就可以使用穿戴的方式安装定位信标。

三是背刺式，这种方式在抹香鲸这类大型鲸类身上尤为常用，一般是扎入背部的脂肪层中，这种方式的好处是固定时间长，有时可长达几个月之久，便于长期跟踪监测工作的开展。

四是螺栓式，通过穿透背鳍、拧上螺丝固定，安装难度大，这是几种安装方式中最牢固的，但同时对被安装动物的伤害也最大。

8.3 爬行动物

山东省海洋爬行动物以海龟和海蛇为主。海龟与海蛇类爬行动物现主要生活于暖水海洋中，在夏、秋季海水温度升高时偶尔发现其行迹，且数量较少，基于此，本工具书主要规范海龟和海蛇调查方法，其中，海龟主要采取问卷调查，辅以网络和文献资料调查；海蛇调查除此方法以外，还可采取诱捕笼法。记录表格参照附件 B-26。

8.3.1 海龟调查

问卷调查法是对沿海海龟种类及分布情况的主要方法。渔民可作为主要调查对象。调查地点选择较大的渔港或渔村，问卷采取与渔民面对面座谈的方式，同时提供不同种海龟的照片供他们辨别。此外，还要利用网络和文献资料上已有的海龟误捕或搁浅记录，对问卷调查的结果进行补充和完善。

调查问卷主要包括以下几方面内容：①是否发现海龟，发现的时间、地点、种类，哪种海龟较为常见。②是否误捕过或发现别人误捕过海龟，误捕的海龟如何处理；是否发现海龟产卵，现在是否还在此产卵。由于各地渔民捕鱼的地点并非局限在一个地点，所以调查海龟出现的地点，以渔民实际看到的地点为准，而不是以渔民的居住地为准。

8.3.2 海蛇调查

方法一：问卷调查的方式参考海龟调查方法。

方法二：诱捕笼法。8—10 月海水温度较高，正是捕获海蛇的高峰期，可以在渔民常见海蛇海区处设置灯围或者定置网的方式诱捕，并对所捕获的海蛇进行计数，选取 1～3 条现场装入聚乙烯袋中，放置于 2～5℃医用冷藏保温箱中，运输至实验室后，拍照记录，分析鉴定到种。记录各种类的名称、样品质量、数量，样品中最小、最大体长（cm）和最小、最大体重（g），中文名、拉丁名等。标本采集要符合《中华人民共和国野生动物保护法》和《中华人民共和国渔业法》的相关规定，并向有关部门报备。

9 质量控制与保证

9.1 建立质量控制工作体系

（1）调查单位按照有关质量管理和检验检测资质认定等相关要求，建立调查过程和分析过程质量管理体系，具备全过程质量保证和质量控制的运行机制，执行质量保证与质量控制相关标准规范的规定和要求，对全过程进行质量控制。

（2）调查单位应将全过程质量控制纳入本单位的质量体系运行，并根据本单位的质量体系和调查要求制订质量计划，建立调查实施过程的质量监督管理工作体系。

（3）用于调查的设施和环境条件应满足相关法律、法规和标准的要求。

（4）实验室区域间应采取有效隔离措施，防止交叉污染；有毒有害废物应妥善处理，或交有资质的单位处置。

（5）建立并执行安全作业管理程序，确保危险化学品、有毒物品、有害生物、辐射、高温、高压、撞击以及水、气、火、电等危及安全的因素和环境得到有效控制，并有相应的应急处理措施，危险化学品储存应执行其相关规定。

（6）调查单位制定并实施有关实验室安全和人员健康的程序，同时配备相应的安全防护设施。

9.2 调查人员质量控制

（1）根据调查的实际需要，调查单位应组建结构合理的调查队伍，确定调查人员。

（2）调查人员在开展调查工作前应经过必要的岗前培训，并留存培训记录。从事船上作业及分析的人员必须经过船上安全培训，并留存培训记录。

（3）对调查人员进行质量意识教育，明确质量责任。

9.3 样品采集、保存和运输质量控制

9.3.1 样品采集质量控制

（1）采样应至少两人，明确分工，记录现场采样情况。现场情况应包含全部采集样品的位置、环境、采集过程和样品性质描述等方面的信息。

（2）水环境、沉积环境、土壤环境按照站位比例采集平行样，以备

后续随机抽取样品作为密码平行样。要求每个区域采集平行样数量每种不低于站位的10%，最少不低于2份。

（3）按照本工具书相关章节要求和程序，开展样品采集，防止采样沾污。

（4）在调查过程中，使用的所有仪器设备和辅助测量设备，只要对检测或抽样结果的准确性、有效性有影响或计量溯源性有要求的，均须实施检定或校准，且在有效期内使用。

（5）防止样品沾污，应做到：

——严格防止船舶自身以及采样设备的沾污影响；

——根据监测项目，选用合适材料的采样器、样品瓶，绞车、缆索、导向轮应采取相应的防沾污措施；

——减少界面富集影响，深层采样建议用闭—开—闭方式采样器；

——沉积物采样，被采样品应不受扰动，待测样品应冷冻贮存；

——预处理的样品（过滤、萃取等）应在采样后现场即时完成，然后加入稳定剂，并低温保存；

——受生物活动影响，随时间变化明显的项目应在规定时间内测定。

9.3.2 保存和运输质量控制

（1）记录样品保存方法和条件、运输的时间与方式等情况。

（2）所有样品均应有唯一编码，并清晰记录。

样品编码制定原则：每个样品必须确定唯一编码；质量控制人员现场或在实验室接收时，可以根据质量控制要求另行编码并与唯一编码对应；分析人员应了解样品基本性质，除现场测试情况外，不应获知具体来源；分析出结果后解码，唯一编码对应的样品信息完整。

（3）样品交接时应办理正式交接手续。实验人员在接收检验样品时，应记录其状态，包括是否异常或是否与相应的检验方法中所描述的标准状态有偏离。如果对样品是否适用于检验有疑问，或者样品与提供的说明不符，实验人员应在工作开始之前要求送样者予以说明。

（4）质量控制人员安排的质量控制样品与实际样品同时交接，需办理交接手续和记录。分析人员接到样品后，应查看样品是否符合样品保存运输要求，若不符合，应及时向相关人员说明情况，若仍需要进行分析，应在分析记录和报告中作出明确说明。

9.4 实验室质量控制

9.4.1 实验室内部质量控制

（1）承担检测的实验室应建立适宜本单位的质量管理体系并保持有效运行。

（2）实验室应建立对调查采集样品的唯一识别系统，以保证在任何时候对样品的识别不发生混淆。

（3）实验室应按相关技术规范要求，在规定的时间内完成样品的预处理、分析、测试和鉴定工作。

（4）应在规定的时间内对分析、测试与鉴定结果按质量计划规定的要求进行质量检查。如发现误差超出规定范围，应重新分析、测试与鉴定。质量检查措施包括由质量保证人员安排的内控样、平行双样、盲样及实验室间互校等。

（5）分析（测试、鉴定）结果应以规范的格式和内容表述，应由分析（测试、鉴定）者签名，经核验人核验，实验室负责人批准后出具。

（6）剩余样品按相应专业的要求和项目质量计划的规定处置，并充分尊重委托方的意见。

9.4.2 实验室外部质量控制

外部质量控制指行政主管部门和上级机构对下级机构分析检测活动的质量控制。

（1）密码平行样

质量管理人员根据实际情况，按一定比例随机抽取样品作为密码平行样，交付检测人员进行测定。若平行样测定偏差超出规定允许偏差范围，应在样品有效保存期内补测，若补测结果仍超出规定的允许偏差，说明该批次样品测定结果失控，应查找原因纠正后重新测定，必要时重新采样。

（2）密码质量控制样及密码加标样

由质量管理人员使用有证标准样品/标准物质作为密码质量控制样品，或在随机抽取的常规样品中加入适量标准样品/标准物质制成密码加标样，交付检测人员进行测定。如果质量控制样品的测定结果在给定的不确定度范围内，则说明该批次样品测定结果受控。反之，说明该批次样品测定结果失控，应查找原因纠正后重新测定。

（3）人员比对

不同分析人员采用同一分析方法、在同样的条件下对同一样品进行测定，比对结果应达到相应的质量控制要求。

（4）实验室间比对

可采用能力验证、比对测试或质量控制考核等方式进行实验室间比对，证明各实验室间的监测数据的可比性。

（5）留样复测

对于稳定的、测定过的样品，保存一定时间后，若仍在测定有效期内，可进行重新测定。将两次测定结果进行比较，以评价该样品测定结果的可靠性。

（6）采样过程质控

聘请专家在样品采集过程中进行监督检查，对采样过程进行质控。确保采集样方数量、采样深度、拖网时间等技术要求符合标准。

9.5 记录要求

（1）原始记录

原始记录应能够正确记载数据量值、有效位数和产生的相关信息，包括采样、运输保存、前处理、分析方法、样品稀释或浓缩倍数、量器和仪器、校准、分析等相关过程的信息。

（2）基本要求

①现场采样、样品保存、样品运输、样品交接、样品处理和实验室分析的原始记录是监测/调查工作的重要技术资料，应在记录表格或记录本上按规定格式对各栏目认真填写；记录表（本）应统一编号，个人不得擅自销毁，用毕按其保存价值分类归档保存。

②原始记录除海上现场采样记录可使用铅笔外，应采用签字笔或钢笔填写。

③应字迹端正，不得涂抹、不得撕页。

④记录如需修改应划线杠改，在错的数字上画一横线，将正确数字补写在其上方，并在其右下方盖章或签名。

⑤原始记录必须有测试人、校核人和审核人签名（建议持证人员签字）。

⑥结果报出应有汇总或制表人、审核人及审定人签名（建议持证人员签字）。

⑦测试结果未检出的，用方法检出限（数值）加“L”表示。

⑧采集、交接与实验记录应在现场采样、交接和实验时填写，填写字迹应整齐清楚，项目完整，不应有空项；对表格中未涉及的项目应填写“—”。

⑨对于自动化或由计算机（专用记录设备）打印的分析记录纸质结果，应与记录表一同作为原始记录存档。

（3）采样记录

记录由采样人填写，两名采样人员签字，并由审核人审核。现场其他未尽事宜应在原始记录中加以备注。

原则上采样原始工作记录应使用签字笔或钢笔填写；海上采样原始工作记录可使用硬质铅笔书写，采样结束后应使用签字笔或钢笔将原始记录誊写或复印，与原始采样记录一并存档；乘船在记录可能受波浪影响的入海河流断面现场采样时，可参照海上采样原始工作记录要求记录和存档。

（4）样品交接记录

样品交接记录应记录样品（包括实际样品和密码质量控制样品）交接时的状态、数量以及异常情况。

样品交接记录应由送样人与接收人共同填写并签字确认。

（5）样品分析记录

样品分析记录应包括分析过程的所有信息并能够在事后反映样品分析的所有信息。

实验记录由分析人填写并签字，由负责校核人员检查并签字，再由审核人员审定并签字。

10 生物标本制作及保藏要求

10.1 标本制作及保藏方法

10.1.1 海草和大型海藻标本

选取完整和有代表性的海草或大型海藻，放入海水中洗去表面的杂质和附在其上的其他生物，如果样品太大或有很多分枝，用剪刀剪至大小合适。在制作标本时，还需将海草或大型海藻放入一半海水一半淡水中洗净，除去其表面的沙砾、盐分等。

海草和大型海藻标本的制作有两种方法：浸制法和干制法（腊叶标本法）。

（1）浸制标本制作和保藏

①浸制标本制作

a. 采用同种固定液：95%淡水（或海水）+5%甲醛。将处理好的海草和大型海藻标本放入标本瓶，将硫酸纸采集签也放入，硫酸纸采集签应记录的信息包括：物种名（中文名、拉丁属名+拉丁种名）；习性（生活的具体生境，如高、中、低潮带岩石上等）；水深（单位一般为 m）；采集地（市、县、乡、村或海湾名称，经纬度）；采集时间（年-月-日，如 2023-07-17）；采集人（多人以“，”或“、”分隔）；鉴定人（具体分类鉴定人，多人以“，”或“、”分隔）；鉴定日期：(年-月-日，如 2023-07-17)。在标本瓶中倒入配制好的固定液，必须将标本全部淹没，超过瓶子 50%，但不超过整个标本瓶的 90%。

b. 根据不同的藻类采用不同的固定液：褐藻采用海水 95%，甲醛

5%；绿藻采用海水 80%，甲醛 5%，酒精 10%，饱和硫酸铜 5%；红藻采用海水 75%，甲醛 5%，酒精 10%，饱和硫酸铜 5%，亚硫酸 5%。建议在上述溶液内加少许小苏打，以中和福尔马林分解出的乙酸。少数重要标本可加 1%的甘油，以防止固定液蒸发而引起的组织破坏。将整理好的海藻以及硫酸纸采集签（硫酸纸采集签应记录的信息同 a）放入标本瓶，在标本瓶中倒入配制好的固定液，必须将标本全部淹没，超过瓶子的 50%，但不超过整个标本瓶的 90%。

②浸制标本保藏

制作好的标本，在瓶子表面贴上馆藏码（二维码或者条形码），存放在专门库房标本柜中，定期通风、巡检、加注固定液等。

（2）干制（腊叶）标本的制作和保藏

①干制（腊叶）标本的制作

a. 准备好各种制作工具，如各种规格解剖盘（搪瓷盘）、镊子、剪刀、毛笔、吸水纸、纱布、标本纸、标本夹、卡纸等。

b. 将采集来的标本用海水洗净，按不同种类分别放在盛有海水的解剖盘中。

c. 将海水、淡水（各半）倒入比 A3 纸略大的瓷盘中混合，并放置一个 A3 大小的塑料或金属平板作为托板备用。

d. 用铅笔在标本纸正面写上采集号；背面写学名、习性、采集人、采集日期等信息；将写好信息的标本纸，放入解剖盘内的托板上，将标本纸充分浸透，随后选取完整的海草和大型海藻标本，将其平放在标本纸上，用镊子和毛笔将分枝舒展，使其呈自然状态。如果分枝太密，可适当剪掉一部分枝叶，但固着器、生殖器官等一定要保持完整；将托板倾斜缓慢移离水面，移离过程中，标本有可能会变形或聚集，此时可以用镊子再次进行梳理，使其自然舒展开；将标本纸及标本自托板上取下，滤掉滴水，放到吸水纸上，制作海藻标本时在表面盖上一层纱布（因海藻大都含有胶质，用一层纱布盖上，防止其与吸水纸粘连），在纱布上再放上一层吸水纸。

e. 当制作的标本达到一定厚度时，用标本夹夹住，并施以适当的压力（加重物，或用绳子捆绑），将标本压平。之后每天换吸水纸 1～2 次。一般情况下，一周左右标本就完全干燥了。

f. 选取一张完整、美观的作为正号，粘贴于台纸上，根据采集记录，打印正式标签［包括单位名称、中文名、学名（拉丁属名+拉丁种名）、习性、采集号、采集地、采集人、鉴定人、鉴定日期等］贴于台纸右下角；有条件的将馆藏码（条形码或二维码）贴附在台纸某一统一区域。其余作为副号，用旧报纸夹起来存放于通风干燥处保存。

②干制（腊叶）标本的保藏

a. 将正号标本放于标本夹中，根据标本数量将同属或同种标本放置于一个标本夹中，不同地区的标本可以分别放在不同的标本夹中。按分类系统保存于专门库房标本柜中。

b. 将副号标本按采集号（或馆藏码）顺序放入专门库房标本柜中。

c. 防潮防光：库房配备去湿机（或空调）保持干燥，窗帘为遮光窗帘。

d. 防虫：每一标本柜中放入防虫剂（樟脑球），定期进行检查和防虫剂的更换。

10.1.2 湿地植被标本

（1）标本采集

①标本完整性

草本植物，采集有花、有果或花、果皆有者，挖出根、根状茎、球茎、块茎、鳞茎等，保留基生叶，高度低于 40 cm 者，要挖整株；高于 40 cm 而又低于 1.5m 者，挖整株，折成“V”形、或“N”形放到方便袋暂存（在弯折枝条时，先轻轻揉捏将要弯折处，再将其弯折，可避免枝条折断）；高于 1.5 m 者，保留其关键部位，如花果部分、根部、茎中部。

乔木/灌木，采集有花、有果或花、果皆有的枝条，长度在 35 cm 左右，用枝剪剪枝条时采用斜剪，目的是使切面倾斜，可以更直观地看到茎内部的情况。

②标本典型性

植物物种以居群形式存在，居群内存在许多个体，个体之间存在变异。采集最能代表该物种特征的个体作为标本。

③标本野外记录

采集编号、采集时间、采集人；地点（省、县、镇、村庄、河流，GPS 信息、海拔高度，生境）；植物信息（乔木或灌木、花果颜色、味道、气味）；民间用途等。

（2）标本制作

采用 319 号红亮光木线条制作；规格：525 mm×406 mm。

①装裱材料

a. 卡纸，采用 0010 型白色卡纸，双卡制作。内卡纸内边镶金条彩边；外卡纸内边镶红牙彩边。

b. 玻璃，采用厚 2.5 mm 灯光玻璃。

c. 挡板，采用不变形、防霉、防潮的龙卡板。

②装裱方法

a. 用切割机将木线条切成框条并成 45°角，用订角机将其制成镜框；

b. 裁划镜框玻璃；

c. 用卡纸刀裁制卡纸，以双面胶黏合并镶内边及金条；

d. 放置标本，四周用胶带黏合，加盖挡板，并用片钉固定。

10.1.3 海洋无脊椎动物标本

在制作标本时，都要对材料进行固定，然后保存。有些材料为保持其生活状态，在固定前要进行麻醉。固定是对材料进行一定的处理，杀死动物，并尽量使其保持原形并且不变质。

（1）干制标本的制作和保藏

①干制标本的制作

干制标本是通过人工干燥处理或自然干燥所得到的生物整体或部分。比较适宜的门类为多孔动物（海绵动物）、刺胞动物（石珊瑚类：将采集到的珊瑚标本浸泡在淡水中，待珊瑚虫腐烂后，冲洗干净，自然干燥）、软体动物（贝类的贝壳：将软体部分剔除，并将贝壳上的附着物清除）、节肢动物（大型虾、蟹类：将肉剔除，保留附肢或外壳）、棘皮动物（海星：人工干燥或自然干燥；海胆：将棘刺及内脏去除）。

干制标本制作流程为材料测量—标签制作—材料固定—组织去除—材料拼接—材料硬化—妥善保存。

②干制标本的保藏

a. 将处理好的干制标本根据大小放置于不同的标本盒中，并将纸质标签一并放入盒中，标签包括［中文名、学名（拉丁属名+拉丁种名等）、采集地点、经纬度、采集时间、采集人、鉴定人、鉴定日期等；采集区域为海洋的，则还要包括海区、站位、船名等］。盒外贴馆藏码，存放于专门库房标本橱柜中。

b. 防潮防光：库房配备去湿机（或空调）保持干燥，窗帘为遮光窗帘。

c. 防虫：每一标本柜中放入防虫剂（樟脑球），定期进行检查和防虫剂的更换。

（2）浸制标本的制作和保藏

①浸制标本的制作

a. 将容器和动物体清洗干净，将标本放入适宜的标本瓶中，倒入固定液［80%酒精+20%蒸馏水或 90%（95%）海水（淡水）+10%（5%）的甲醛］，没过标本，且超过瓶子 50%，但不超过瓶子的 90%，将硫酸纸标签（采集签、鉴定签等）放入；将凡士林涂抹在瓶盖（瓶口）上，密封保存。

b. 需要麻醉的特殊类别标本的制作：

对水母、海葵、海兔、海参等需要麻醉处理的标本，静置培养使身体及触手充分舒展开，呈自然状态时，再进行麻醉处理。

在麻醉过程中应避免动物因受过分刺激而收缩影响标本质量，麻醉剂应分多次缓慢加入。如发现动物体或触手强烈收缩，说明麻醉剂放入过量，加适量海水令其恢复自然状态。

用于麻醉的容器应放置于光线较暗、安全可靠的地方，以免因不慎碰撞而引起震动影响动物的麻醉。

将硫酸纸标签（采集签+鉴定签）放入标本已麻醉固定好的标本瓶中，将凡士林涂抹在瓶盖（瓶口）上，密封保存。

②浸制标本的保藏

制作好的标本，在标本瓶表面贴上馆藏码（二维码、条形码），存放在专门库房标本柜中，定期通风、巡检、加注固定液等。

对于存放酒精固定标本的库房，要做好安全防护，比如安装防爆设备（如防爆开关、插座等）、酒精自动监测和自动消防设备等。

（3）玻片标本的制作和保藏

浮游生物、原生动物、扁形动物和线形动物门等体型微小，且鉴别特征不易观察的标本，或者大型动物的组织切片，需要制作成玻片标本，利用显微镜进行观察。

①玻片标本的制作

大致可以分为清洗、透明或染色、制片三步。

a. 清洗

一些小型标本体表黏附有杂物，用软毛刷在解剖镜下放在50%乙醇中轻轻刷洗，也可将标本放入封固液中，轻轻拨动标本，让封固液去除污物，或将标本放入超声波清洗仪中清洗。对于特别难以清洗的标本，可使用蛋白酶溶液浸泡清洗。清洗时一定要小心，以免由于清洗造成标本破碎，毛、足等的脱落。为了准确观察动物结构，应留一部分标本不清洗。

b. 透明或染色

根据不同的标本，分别进行透明或染色处理。

c. 制片

根据所制玻片使用的封存介质和保存时间长短可分为永久封片和临时封片两种方法。

永久封片法：利用封固液封装标本而使标本可以长期以玻片形式保存的制作方法。将透明或染色处理好的标本，放入清水中轻轻冲洗，然后在载玻片中央滴加一滴封固液，将标本放入封固液中，在解剖镜下用细小的解剖针调整标本姿态，然后盖上盖玻片，放入50～60℃恒温箱中或烤片机上烘烤，以加速封固液干燥凝固。在制作永久玻片时，应用标记笔在玻片上做好记录，封固液干燥后将标签贴上。

临时封片法：在凹玻片凹陷处一侧滴上一滴乳酸，将盖玻片轻轻盖在乳酸滴上，使盖玻片与凹玻片凹陷处充盈乳酸。将透明或染色后的标本直接放入充盈乳酸的凹陷处，在解剖镜下调整好位置和姿态后，立即放在显微镜下观察，镜检结束后将标本取出，用清水冲洗干净后放入乙醇保存。

②玻片标本的保藏

将制作好的玻片标本，按顺序放置于玻片盒中，存放在专门库房的标本柜中，保持干燥、通风等。

（4）低温（超低温）标本的制作和保藏

由于后续研究的需要，对有些标本进行低温或超低温保存。将采集回来的标本进行清理，将清理好的标本连同纸质采集标签一起放入布袋或样品盒中，在布袋上或样品盒上贴上或手写馆藏码，放入低温冰箱、超低温冰箱或液氮中保藏。

10.1.4 海洋脊椎动物标本

脊椎动物个体比较大，除浸制标本外，还有剥制、骨骼、塑化等不同的标本制作和保藏方法。

（1）浸制标本的制作和保藏

①浸制标本的制作

脊椎动物个体都比较大，采集后将表面进行清理，去除体表、口腔、鳃等部位的污物及黏液，然后对鱼体进行整理，使鱼体保持自然平整姿态。一般稍大些的动物，用针管将10%甲醛溶液注入肌肉和腹腔等处，防止肌肉和内脏腐烂，待这两部分变硬后，把鱼放入5%～10%甲醛溶液中浸泡保存，将木制标签穿在动物体上，并将纸质标签放入标本瓶中，瓶口（瓶盖）用凡士林涂抹，密封保存。

也可将浸泡好的标本，从甲醛溶液中取出，用清水冲洗并浸泡1～

2 h，经 2～3 次清洗浸泡后移入 75%乙醇溶液中保存。

②浸制标本的保藏

将制作好的标本，存放于专门库房的标本架上，保持室内通风、干燥。定期巡检，加注固定液等。

（2）骨骼标本的制作和保藏

选择个体较大，外部形态正常，没有骨骼、附肢缺损的新鲜活体动物个体用于制作骨骼标本。

①骨骼标本的制作

骨骼标本制作的步骤如下：a.去除鳞片或皮肤。b. 去除内脏：将去鳞或去除皮肤的标本由两胸鳍（胸部）间向后剖开腹腔，去除内脏。c. 剔除肌肉：将肌肉用手术刀等工具剔除，有些部位的肌肉不容易直接剔除干净，必要时可用水煮或腐蚀的手段辅助进行。d. 脱脂：将剔除肌肉后的骨骼放入 0.5%～0.8%氢氧化钠中浸泡，需要经常观察，避免过度浸泡造成各关节分离。一般浸泡 1～4 d，高温季节浸泡时间短一些，延长或缩短浸泡时间可以通过调整氢氧化钠的浓度来实现。标本从氢氧化钠溶液中取出后，尽快用清水进行冲洗。e. 漂白：将清水冲洗后的骨骼浸入 0.5%～0.8%过氧化钠中，并注意观察标本的变化，等骨骼清洁后及时将标本取出，并立即用清水冲洗。漂白时间为 1～4 d。f. 整形：经上述过程处理的骨骼，很多连接部分之间很容易分离，应先将骨骼在阳光下晾晒，为避免部分弯曲，用厚纸将它们包起来并压紧。等骨骼略干燥后及时进行整形处理。

②骨骼标本的保藏

经整理处理后，用钢条等将其连接起来，以原有姿态进行保藏或展示。

（3）剥制标本的制作和保藏

选择个体较大，外部形态正常，没有骨骼、附肢缺损的新鲜活体动物个体制作剥制标本。

①剥制标本的制作

制作步骤如下：a. 将清洁好的标本麻醉，或使其软化。b. 剥皮：从腹部切开剥皮，剥制过程中要特别注意不要损坏附肢指、趾末端的骨节，剥制的皮尽量完整，剥下的皮平铺在木制板上，其上覆以 4% 甲醛溶液和甘油混合液的医用纱布。c. 除内脏和眼球：打开腹腔，清除全部内脏，用眼科镊子取出眼球。d. 去除肌肉：用解剖刀剔除躯干背部和尾部的肌肉，然后剔除附肢上的肌肉，最后剔除其他部位肌肉。e. 防腐：将皮内外用防腐剂（主要是二氧化砷）涂抹均匀。f. 整形：用脱脂棉、泡沫填充剂，辅以铜架、铁架支撑，复原其生态形状，完成后将腹部进行缝合。g. 着色：根据其生态色涂以相应颜色，更加逼真。

②剥制标本的保藏

制作完成的剥制标本，需要做防潮、防霉、防虫等，主要用于展览或展示，与人隔开距离，保证人、标本的安全。

（4）塑化标本的制作和保藏

①塑化标本的制作

塑化标本的制作工艺较为复杂，需要由专业人员通过专业设备进行。

②塑化标本的保藏

塑化标本利于保藏，保藏过程无特殊要求，主要用于展示。

10.1.5 微生物菌种保存

将平板上分离纯化的微生物菌种，接入对应的液体培养基中，培养至生长对数期，在无菌的冻存管中制成悬浊液，并加入一定体积的无菌甘油，使冻存管中的甘油最终体积分数为 10%～20%，密封，置于–80℃超低温冰箱长期保存。

10.2 标本库日常管理要求

存放标本的库房应分为干制标本库房和浸制标本库房。

（1）干制标本库房应保持干燥、通风、清洁、防潮。有条件的配备恒温恒湿空调设备。

（2）防火：安装通信报警设备和防火检测设备，配备灭火器，安装喷水系统。

（3）防尘：灰尘除了对动物表皮有磨损破坏外，还会和空气中的水分发生化学反应，对标本的破坏性很大。因此，标本室及标本需要经常除尘，保持整齐清洁。

（4）防虫：目前采用的标本害虫防治方法有：①化学方法：药物熏蒸、直接喷杀、挂袋法；②物理方法：低温冷冻、烘箱加热、低氧防治、二氧化碳防治法等。应根据实际情况选取合适的方法。

（5）防褪色：各类标本的保存不可放在阳光直射的地方，以免加速褪色。

（6）存放浸制标本的库房应注意防火，并注意及时（至少每半年一次）补充化学药品溶液。

11 评价技术要求

11.1 水体和沉积环境评价

11.1.1 水环境评价

根据调查结果，依据 GB 3097—1997，对水环境 pH、溶解氧、盐度、透明度、色度、石油类、化学需氧量等采用单因子指数法进行海水质量评价。结合总磷、活性磷酸盐、无机氮（亚硝酸盐氮、硝酸盐氮、氨氮）调查结果等进行海水富营养化评价及有机污染评价。

（1）单因子指数法

海水质量评价采用单因子指数法，公式如下：

$$P_i = C_i / S_{si}$$

式中，P_i——第 i 种污染物的海水质量；

C_i——第 i 种污染物的实测值；

S_{si}——第 i 种污染物的评价标准值。

海水质量评价标准应依据评价海域海洋功能分类，选取 GB 3097—1997 中对应的标准限值。

当 P_i ≤1.0 时，海水质量符合标准；当 P_i ＞1.0 时，海水质量超过标准。

（2）富营养化指数法

海水富营养化采用富营养化指数法，其计算公式为

$$E = \left(C_{\mathrm{COD}} \times C_{\text{无机氮}} \times C_{\text{活性磷酸盐}}\right) \times 10^6 / 4\,500$$

式中，E——富营养化指数；

C_{COD}——化学需氧量（COD）浓度，mg/L；

$C_{无机氮}$——无机氮浓度，即亚硝酸盐氮（NO_2-N）、硝酸盐氮（NO_3-N）、氨氮（NH_4-N）的总和，mg/L；

$C_{活性磷酸盐}$——活性磷酸盐浓度，mg/L。

当 $E\geqslant 1$ 即为富营养化。依据 HJ 1300 中的相应表格，也就是本书表 11-1 确定海水富营养化等级。

表 11-1　富营养化等级判定标准

富营养化等级	富营养化指数（E）
轻度富营养化	$1\leqslant E\leqslant 3$
中度富营养化	$3<E\leqslant 9$
重度富营养化	$E>9$

（3）有机污染综合指数法

水质有机污染风险采用有机污染综合指数法及有机污染等级进行评价。即

$$A = \mathrm{COD}_i / \mathrm{COD}_s + \mathrm{IN}_i / \mathrm{IN}_s + \mathrm{IP}_i / \mathrm{IP}_s - \mathrm{DO}_i / \mathrm{DO}_s$$

式中，A——有机污染指数；

COD_i、IN_i、IP_i 和 DO_i——COD、无机氮（IN）、无机磷（IP）和溶解氧（DO）实测值；

COD_s、IN_s、IP_s 和 DO_s——一类海水水质标准，分别为 2.0 mg/L、0.2 mg/L、0.015 mg/L 和 6.0 mg/L。

有机污染水平等级见表 11-2。

表 11-2　有机污染评价分级表

A 值	<0	0～1	1～2	2～3	3～4	>4
污染程度分级	0	1	2	3	4	5
水质评价	良好	较好	开始受到污染	轻度污染	中度污染	严重污染

11.1.2 沉积环境评价

根据调查结果，依据 GB 18668—2002，HJ 1300 对沉积物 pH、沉积物总氮、沉积物总磷等作现状描述，对硫化物、有机碳进行理化性质评价，石油类、重金属及类金属进行一般污染物指标评价。

（1）单因子指数法

沉积物质量评价采用单因子指数法，公式如下：

$$P_i = C_i / S_{si}$$

式中，P_i——第 i 种污染物的沉积物质量；

C_i——第 i 种污染物的实测值；

S_{si}——第 i 种污染物的评价标准值。

沉积物质量评价标准应依据评价海域海洋功能分类，选取 GB 18668—2002 中对应的标准限值。

当 $P_i \leqslant 1.0$ 时，沉积物质量符合标准；当 $P_i > 1.0$ 时，沉积物质量超过标准。

（2）评价结论要求

提供各环境因素的分布情况、变化范围或变化趋势等描述或说明，配有必要的图表。

对沉积环境进行评价，阐述总体结论，必要时提出相关的意见或建议。

11.2 生物多样性评价

11.2.1 单指标评价

汇总本次调查数据及区域内历史调查资料，计算潮下带、潮间带、潮上带各类型生物的物种数量、生物密度、生物量、Shannon-Wiener 多样性指数、Pielou 均匀度指数、Margalef 物种丰富度指数、优势种优势度、相对重要性指数（index of relative importance，IRI）、海洋营养级指数（TL）等指标，主要指标计算方法及评价标准如下。

（1）Shannon-Wiener 多样性指数

Shannon-Wiener 多样性指数用于描述生物群落多样性，综合考虑了群落的丰富度和均匀度。Shannon-Wiener 多样性指数值越高，表明群落多样性越高，物种分布越均匀。

$$H=-\sum_{i=1}^{S}\left\{\frac{n_i}{N}\right\}\log_2\left(\frac{n_i}{N}\right)$$

式中，H——Shannon-Wiener 多样性指数；

N——生物个体总数；

S——生物种类数；

n_i——第 i 种生物个体数。

$H \geqslant 1.5$，表明生物多样性较高；$1.0 < H < 1.5$，表明生物多样性一般；$H \leqslant 1.0$，表明生物多样性较差。

（2）Pielou 均匀度指数

均匀度能反映生物群落各物种间数量分布的均匀程度。均匀度越高，表示群落中不同物种之间的相对丰度越接近。

$$J=\frac{H}{\ln S}$$

式中，J——Pielou 均匀度指数；

H——Shannon-Wiener 多样性指数；

S——物种数。

均匀度指数 J 越接近 1 表明生物群落均匀性越好。

（3）Margalef 丰富度指数

Margalef 丰富度指数是一种用来评估生物群落丰富度的指标，通过将群落中物种的数量（S）与群落中个体总数（N）进行比较，来衡量群落的物种丰富度。较高的丰富度指数表示群落具有更高的物种丰富度，而较低的指数则表示群落的物种丰富度较低。

Margalef 丰富度指数计算公式如下：

$$d=\frac{S-1}{\ln N}$$

式中，d——Margalef 丰富度指数；

S——调查站位所有的物种数目；

N——调查站位的所有个体数量。

（4）优势种优势度

优势种以优势度判断，表明群落中某一物种所占的优势程度。

优势种优势度（Y）的计算公式为

$$Y=\frac{n_i}{N}\times f_i$$

式中，N——所有种类的总个体数；

n_i——第 i 种的总个体数；

f_i——该种在各样品中出现的频率。

Y＞0.02 的种类为优势种。

（5）相对重要性指数（IRI）

从各种类在数量、重量中所占比例和出现频率 3 个方面进行优势度的综合评价，判断其在群落中的重要程度。

IRI 计算公式如下：

$$\mathrm{IRI}=(N+W)\times F$$

式中，IRI——相对重要性指数；

N——数量百分比；

W——重量百分比；

F——出现频率。

以 IRI≥1 000 的种类为优势种，100≤IRI＜1 000 的种类为重要种，10≤IRI＜100 的种类为常见种，IRI＜10 的种类为少见种。

（6）海洋营养级指数（TL）

TL 用以评估生物群落的稳定性和健康程度。海洋营养级指数高说明海洋生物多样性较高，且海洋生态系统完整性处于较高水平。

海洋营养级指数计算公式如下：

$$\mathrm{TL}=\frac{\sum(\mathrm{TL}_i)(Y_i)}{\sum Y_i}$$

式中，TL——海洋营养级指数；

TL_i——第 i 种物种的营养级；

Y_i——第 i 种物种的生物量。

11.2.2 综合评价

在潮下带、潮间带、潮上带生物多样性评价基础上，依据 HY/T 215，根据海洋营养级、浮游生物、潮间带生物、浅海大型底栖生物及植被物种多样性对调查海域生物多样性进行综合评价。

11.2.2.1 评价指标

通过计算海洋生物多样性综合指数及其变化幅度对调查海域生物多样性进行综合评价，计算过程如下。

依据 HY/T 215 选取计算指标，如表 11-3 所示。

表 11-3 评价指标及单位

一级指标	二级指标	单位
海洋营养级	海洋营养级指数	量纲一
浮游植物物种多样性	浮游植物总物种数、浮游植物平均单站物种数	种
	浮游植物种类多样性指数	量纲一
浮游动物物种多样性	浮游动物总物种数、浮游动物平均单站物种数	种
	浮游动物丰度	个/m^3
	浮游动物生物量	mg/m^3
	浮游动物种类丰富度指数	量纲一
	浮游动物种类多样性指数	量纲一
潮间带生物物种多样性	潮间带生物总物种数、潮间带生物平均单条断面物种数	种
	潮间带生物栖息密度	10^2 个/m^2
	潮间带生物生物量	g/m^2
	潮间带生物种类丰富度指数	量纲一
	潮间带生物种类多样性指数	量纲一
浅海大型底栖生物物种多样性	浅海大型底栖生物总物种数、浅海大型底栖生物平均单站物种数	种
	浅海大型底栖生物栖息密度	个/m^2
	浅海大型底栖生物生物量	g/m^2
	浅海大型底栖生物种类丰富度指数	量纲一
	浅海大型底栖生物种类多样性指数	量纲一

（1）评价指标的等级划分标准

参照 HY/T 215 中“海洋生物多样性评价指标的等级划分标准”，海洋生物多样性评价指标划分为Ⅰ、Ⅱ、Ⅲ、Ⅳ、Ⅴ 5 个等级，根据指标实际数值所处的区间范围，确定各评价指标的具体等级。

（2）评价指标的赋值方法

各等级相应的分值见表 11-4。

表 11-4 海洋生物多样性指标的赋值标准

等级	V	IV	III	II	I
分值	（0，25）	[25，50]	[50，75]	[75，100）	100

根据赋值标准（表 11-4），按下式对海洋生物多样性的二级指标进行赋值。

$$Y_{ij}=\frac{Y_{ij\max}-Y_{ij\min}}{I_{ij\max}-I_{ij\min}}(I_{ij}-I_{ij\min})+Y_{ij\min}$$

式中，Y_{ij}——第 i 个一级指标中的第 j 个二级指标的赋值得分；

$Y_{ij\max}$——第 i 个一级指标中的第 j 个二级指标所隶属等级的分值上限；

$Y_{ij\min}$——第 i 个一级指标中的第 j 个二级指标所隶属等级的分值下限；

$I_{ij\max}$——第 i 个一级指标中的第 j 个二级指标所隶属等级的指标值上限；

$I_{ij\min}$——第 i 个一级指标中的第 j 个二级指标所隶属等级的指标值下限；

I_{ij}——第 i 个一级指标中的第 j 个二级指标的实测值。

（3）海洋生物多样性综合指数

海洋生物多样性综合指数（MBI）按下式计算，数值为 0～100。

$$\mathrm{MBI}=\sum_{i=1}^{5}W_i\sum_{j=1}^{n}Y_{ij}W_{ij}$$

式中，MBI——海洋生物多样性综合指数；

W_i——第 i 个一级指标的权重；

Y_{ij}——第 i 个一级指标中的第 j 个二级指标的赋值得分；

W_{ij}——第 i 个一级指标中的第 j 个二级指标的权重。

评价指标采用等权重，并且各层级指标权重之和均等于 1。

（4）海洋生物多样性综合指数变化幅度

海洋生物多样性综合指数变化幅度（ΔMBI）按下式计算，数值范围为−100～100。

$$\Delta \text{MBI} = \text{MBI}_a - \text{MBI}_b$$

式中，ΔMBI——海洋生物多样性综合指数的变化幅度；

MBI_a——第 a 时期的海洋生物多样性综合指数，取 a 时期连续 2～3 年的均值；

MBI_b——第 b 时期的海洋生物多样性综合指数，取 b 时期连续 2～3 年的均值。

11.2.2.2 评价标准与分级

（1）海洋生物多样性现状评价与分级

按海洋生物多样性综合指数（MBI）得分，海洋生物多样性的现状划分为四个等级：高、中、一般、低（表 11-5）。

表 11-5 海洋生物多样性现状分级

海洋生物多样性等级	海洋生物多样性综合指数得分	海洋生物多样性现状
高	[75，100）	海洋生物物种高度丰富，物种分布均匀，各生物群落的物种多样性高度丰富，生态系统类型丰富多样
中	[50，75）	海洋生物物种较丰富，物种分布较均匀，局部区域或部分生物群落的物种多样性高度丰富，局部地区生态系统高度丰富
一般	[25，50）	海洋生物物种较少，物种分布较不均匀，局部区域或个别生物群落的物种多样性较高，但生物多样性总体水平一般
低	[0，25）	海洋生物物种贫乏，物种分布不均匀，生态系统类型单一，生物多样性总体低

（2）海洋生物多样性总体变化趋势评价与分级

按海洋生物多样性指数的数值变化幅度（ΔMBI），海洋生物多样性变化趋势划分为三个等级：无明显变化、略有变化（提高或下降）、显著变化（提高或下降）（表 11-6）。

表 11-6 海洋生物多样性总体变化趋势分级

变化幅度	级别	描述
|ΔMBI|≤10	无明显变化	生物多样性无明显变化
10＜|ΔMBI|＜25	略有变化	若 10＜ΔMBI＜25，生物多样性略有提高；若−25＜ΔMBI＜−10，生物多样性略有下降
|ΔMBI|≥25	显著变化	若ΔMBI＞25，生物多样性显著提高；若ΔMBI＜−25，生物多样性显著下降

11.3 海洋生态健康评价

11.3.1 评价指标及计算

依据 GB/T 42631，开展调查海域海洋生态健康评价，包括水环境、沉积环境、生物质量、栖息地、生物群落五类指标，各类指标权重分值见表 11-7。

表 11-7 生态健康评价指标及权重

评价指标	水环境	沉积环境	生物质量	栖息地	生物群落
权重分值	15	10	10	20	45

11.3.1.1 水环境

（1）河口及海湾生态系统水环境评价指标、要求与赋值（表 11-8）

表 11-8 河口及海湾生态系统水环境评价指标、要求与赋值

指标	I	II	III
优良（一、二类）水质面积比例/%	≥80	50～80	＜50
赋值	15	10	5

注：河口生态系统和海湾生态系统水环境评价范围为离岸 10 km 以内海域。

（2）指标赋值与水环境评价方法

水环境健康指数 W_{indx} 根据优良（一、二类）水质面积比例所对应赋值确定，当 W_{indx} 为 15 时，水环境为健康；当 W_{indx} 为 10 时，水环境为亚健康；当 W_{indx} 为 5 时，水环境为不健康。

11.3.1.2 沉积环境

（1）河口及海湾生态系统沉积环境评价指标、要求与赋值（表 11-9）

表 11-9 河口及海湾生态系统沉积环境评价指标、要求与赋值

指标	I	II	III
有机碳含量/%	≤2	2～4	＞4
硫化物含量/（μg/g）	≤300	300～600	＞600
赋值	10	5	1

（2）指标赋值与沉积环境评价方法

①沉积环境每项指标赋值计算：

$$S_q = \frac{\sum_{i=1}^{n} S_i}{n}$$

式中，S_q——第 q 项评价指标赋值；

S_i——第 i 个站位第 q 项评价指标赋值；

n——评价区域监测站位总数。

②沉积环境健康指数计算：

$$S_{\text{indx}} = \frac{\sum_{q=1}^{m} S_q}{m}$$

式中，S_{indx}——沉积环境健康指数；

S_q——第 q 项评价指标赋值；

m——评价区域评价指标总数。

当 $S_{\text{indx}} < 3$ 时，沉积环境为不健康；当 $3 \leqslant S_{\text{indx}} < 7.5$ 时，沉积环境为亚健康；当 $S_{\text{indx}} \geqslant 7.5$ 时，沉积环境为健康。

11.3.1.3 生物质量

（1）河口及海湾生态系统生物质量评价指标、要求与赋值（表 11-10）

表 11-10 河口及海湾生态系统生物质量评价指标、要求与赋值

序号	指标/（μg/g）	I	II	III
1	Hg	≤0.05	0.05～0.30	>0.30
2	Cd	≤0.2	0.2～5.0	>5.0
3	Pb	≤0.1	0.1～6.0	>6.0
4	As	≤1.0	1.0～8.0	>8.0
5	石油烃	≤15	15～80	>80
赋值		10	5	1

（2）指标赋值与生物质量评价方法

①每个生物样品生物质量的赋值计算：

$$\mathrm{BR}_q = \frac{\sum_{i=1}^{n} \mathrm{BR}_i}{n}$$

式中，BR_q——第 q 份样品生物质量数值；

BR_i——第 i 项评价指标赋值；

n——评价的污染物指标总数。

②生物质量健康指数计算：

$$BR_{indx}=\frac{\sum_{q=1}^{m}BR_q}{m}$$

式中，BR_{indx}——生物质量健康指数；

BR_q——第 q 份样品生物质量数值；

m——评价区域监测生物样品总数。

当 $BR_{indx}<3$ 时，生物质量为不健康；当 $3\leqslant BR_{indx}<7.5$ 时，生物质量为亚健康；当 $BR_{indx}\geqslant 7.5$ 时，生物质量为健康。

11.3.1.4 栖息地环境

（1）河口及海湾生态系统栖息地评价指标、要求与赋值（表 11-11）

表 11-11 河口及海湾生态系统栖息地环境评价指标、要求与赋值

序号	指标	I	II	III
1	滨海湿地分布面积变化	增加或无变化	减少≤5%	减少＞5%
2	表层沉积物主要粒径组分含量年度变化	≤2%	2%～5%	＞5%
赋值		20	10	5

（2）指标赋值与栖息地评价方法

①栖息地分布面积变化计算：

$$SA=\frac{SA_{-1}-SA_0}{SA_{-1}}\times 100\%$$

式中，SA——分布面积变化数值；

SA_{-1}——前 1 年的分布面积；

SA_0——评价时的分布面积。

②沉积物主要组分含量变化：

$$SG = \frac{\sum_{i=1}^{n} SG_i}{n}$$

式中，SG——评价区域沉积物主要组分含量年度变化数值；

SG_i——第 i 个站位沉积物主要组分含量年度变化赋值；

n——评价区域监测站位总数。

③栖息地健康指数计算：

$$E_{\text{indx}} = \frac{\sum_{i=1}^{q} E_i}{q}$$

式中，E_{indx}——栖息地健康指数；

E_i——第 i 项栖息地评价指标赋值；

q——栖息地评价指标总数。

当 E_{indx} ≥15 时，栖息地为健康；当 7.5≤ E_{indx} <15 时，栖息地为亚健康；当 E_{indx} <7.5 时，栖息地为不健康。

11.3.1.5 生物群落

（1）河口及海湾生态系统生物评价指标、要求与赋值（表 11-12）

表 11-12 河口及海湾生态系统生物评价指标、要求与赋值

序号	指标	I	II	III
1	浮游植物密度/（个/m^3）	50%A～150%A	10%A～50%A 或 150%A～200%A	<10%A 或>200%A
2	浮游动物密度/（个/m^3）	75%B～125%B	50%B～75%B 或 125%B～150%B	<50%B 或>150%B
3	浮游动物生物量/（mg/m^3）	75%C～125%C	50%C～75%C 或 125%C～150%C	<50%C 或>150%C

序号	指标	Ⅰ	Ⅱ	Ⅲ
4	鱼卵及仔稚鱼密度/（个/m^3）	＞50	5～50	≤5
5	底栖动物密度/（个/m^3）	75%D～125%D	50%D～75%D 或 125%D～150%D	＜50%D 或＞150%D
6	底栖动物生物量/（mg/m^3）	75%E～125%E	50%E～75%E 或 125%E～150%E	＜50%E 或＞150%E
赋值		45	30	15

注：①各主要区域的 A、B、C、D、E 的依据见 GB/T 42631 附录 A。
②鱼卵与仔稚鱼的密度为鱼类主要产卵季节的密度。

（2）指标赋值与生物健康评价方法

①生物各项指标平均值计算：

$$\bar{D}_q = \frac{\sum_{i=1}^{n} D_{qi}}{n}$$

式中，$\bar{D}_q$——评价区域第 q 项指标平均值；

D_{qi}——第 i 个站位第 q 项指标监测值；

n——评价区域监测站位总数。

根据 $\bar{D}$ 值及赋值要求对相应指标进行赋值。

②生物健康指数计算：

$$D_{\mathrm{indx}} = \frac{\sum_{i=1}^{m} D_q}{m}$$

式中，D_{indx}——生物健康状况指数；

D_q——第 q 项生物评价指标赋值；

m——生物评价指标总数。

当 $D_{\mathrm{indx}} \geqslant 37.5$ 时，栖息地为健康；当 $22.5 \leqslant D_{\mathrm{indx}} < 37.5$ 时，栖息地

为亚健康；当 D_{indx} <22.5 时，栖息地为不健康。

11.3.1.6 生态健康指数

生态健康指数按下式计算：

$$CEH_{indx}=W_{indx}+S_{indx}+BR_{indx}+E_{indx}+D_{indx}$$

式中，CEH_{indx}——生态健康指数；

W_{indx}——水环境健康指数；

S_{indx}——沉积环境健康指数；

BR_{indx}——生物质量健康指数；

E_{indx}——栖息地健康指数；

D_{indx}——生物健康状况指数。

11.3.2 评价标准及分级

依据 CEH_{indx} 评价生态系统健康状况：当 $CEH_{indx}\geqslant 80$ 时，生态系统处于健康状态；当 $43\leqslant CEH_{indx}<80$ 时，生态系统处于亚健康状态；当 $CEH_{indx}<43$ 时，生态系统处于不健康状态。

12 工作成果

近岸海域/海湾生物多样性调查和评价应形成调查评价报告、生物图谱、调查数据集、生物标本等工作成果。

12.1 调查评价报告

形成《××海域/海湾生物多样性调查评价报告》，报告编写应符合以下要求：

12.1.1 文本格式

（1）文本规格

文本外形尺寸为 A4（210 mm×297 mm）。

（2）封面格式

第一行书写：××海域/海湾（一号宋体，加粗，居中）；

第二行书写：生物多样性调查评价报告（一号宋体，加粗，居中）；

第三行书写：编制单位全称（三号宋体，加粗，居中）；

第四行书写：××××年××月（小三号宋体，加粗，居中）；

以上各行间距应适宜，保持整个封面美观。

（3）封里内容

封里中应分行写明：生物多样性调查评价报告编制单位全称（加盖公章）；编制人、审核人姓名等内容。

12.1.2 报告编写大纲

按照表 12-1 列出的编写大纲编制生物多样性调查评价报告。可根据调查区域特点和调查内容，对有关章节做适当增减或调整。

表 12-1 ××海域/海湾生物多样性调查评价报告编写大纲

1 概述
1.1 任务及其来源
1.2 调查评价范围及调查站位布设情况
1.3 调查内容
1.4 调查评价方法
2 调查区域状况
2.1 调查海域及周围地区的自然地理及水文气象情况
2.2 调查海域周围地区的社会经济情况
2.3 调查海域的陆源污染源状况

3 潮下带生物调查评价
3.1 水环境
3.2 沉积环境
3.3 浮游生物
3.4 大型底栖生物
3.5 小型底栖生物
3.6 微型底栖生物
3.7 游泳动物
3.8 鱼卵及仔稚鱼
3.9 微生物

4 潮间带生物调查评价
4.1 水环境
4.2 沉积环境
4.3 大型底栖生物
4.4 小型底栖生物
4.5 微型底栖生物
4.6 鱼类
4.7 微生物

5 潮上带生物调查评价
5.1 湿地植被
5.2 土壤环境
5.3 水环境
5.4 沉积环境
5.5 浮游生物
5.6 大型底栖生物
5.7 游泳动物
5.8 微生物

6 其他海洋生物调查评价
6.1 鸟类
6.2 哺乳动物
6.3 爬行动物

7 海洋生物多样性综合评价
7.1 海洋生物多样性综合评价方法及指标赋值标准
7.2 海洋生物多样性综合评价
7.3 海洋生物多样性综合评价结论

8 海洋生态健康评价
8.1 生态健康评价方法及指标赋值标准
8.2 生态健康评价
8.3 生态健康评价结论

9 结论及建议

12.2 生物图谱

生物图谱应包含所调查生物的拉丁学名、中文名、生物分类信息（所属的门、纲、目、科、属信息）、图谱照片、生物的形态、生活习性等信息，其中优势种、关键种、特有种、环境指示种、新发现种及珍稀濒危物种等重点关注。记录表格参照附件 B-27。

对所获底栖生物、游泳动物等大型生物进行图像采集，拍摄其整体背面、腹面及正面形态，对重要鉴别特征的细部结构进行拍摄；对于海草、海藻及湿地植被拍摄必须囊括整个标本实物，对于需要拍摄多张细节照片的标本，则必须保证有一张标本整体影像图片。对所获小型或者微型生物须在显微镜下拍摄照片，并添加标尺。对沉积物或水体样品中分离的微生物进行图像采集，拍摄平板上生长的菌落形态（颜色、大小、圆润度和饱满度），对于样本中比较重要的微生物，采集菌体细胞的光学显微镜照片或电镜照片。鸟类、哺乳动物及爬行动物照片要求清晰，并可识别关键形态特征。

图谱照片应清晰，一般采用特定的拍摄平台和灯光系统，确保拍摄时的光照均匀稳定，避免形态畸变。图谱照片须通过后期的图像处理手段，如去除背景干扰、增强细节等，提高图像的质量和清晰度。图谱照片须附有至少具备 1 mm 刻度线且总体长度≥50 mm 的刻度尺。原则上每种生物的图谱照片应不小于 4 张，单张图片大小一般不低于 500 KB。

12.3 调查数据集

数据集包括如下内容：

（1）调查数据集，包括调查形成的数据资料以及样品采集、处理、运输、分析鉴定、标本制作及保存等过程形成的照片、影像资料等。其中，调查数据按照附件 B-1～附件 B-27 的格式统计后汇交；照片资料应清晰，分辨率高，单张图片大小一般不低于 500 KB；照片及影像资料应保存在 U 盘或移动硬盘等媒介中。

（2）专题数据库，其中矢量数据为 ESRI Shapefile 格式，栅格数据为 Tiff 格式。

12.4 生物标本

应按照本要求“10 生物标本制作及保藏要求”进行标本制作，并统计形成生物标本清单，统计表见附件 B-23。

附　录

附录 A　环境 DNA 监测

本方法适用于水体和沉积环境中各类生物的环境 DNA 监测，主要参考 DB32/T 4539、《基于环境 DNA 的生物多样性研究和监测》、《淡水水生生物环境 DNA 监测技术指南（征求意见稿）》及主要的相关文献报道。

A.1　样品采集与保存

A.1.1　样品采集与富集

水环境样品采集：当水深小于 5 m 时，在水面下 0.5 m 处采样；当水深在 5～10 m 时，分别在水面下 0.5 m 处和透光层底部采样（透光层深度以 3 倍透明度计），取分层样品充分混合后的混合样；当水深大于 10 m 时，采样分层参照本工具书"5.4.1 水环境"调查技术方法执行。每层采样体积均为 3 L。每个点位采集 3 个生物重复样（重复样间距 10 m，如果间距不够可以缩短至 5 m）（附图 A-1）。

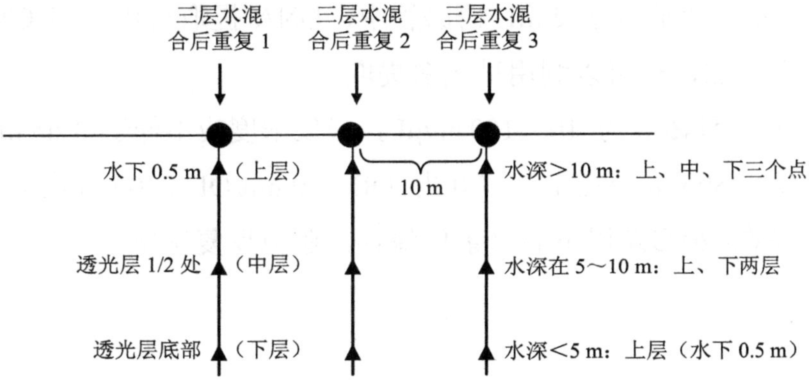

附图 A-1　环境 DNA 采样设计图

水环境 DNA 富集：推荐现场完成水样环境 DNA 富集。不满足现场过滤条件时，应在 24 h 内完成环境 DNA 富集。推荐滤膜孔径为 0.22 μm（若水体环境较为浑浊，可先用筛绢过滤泥沙，再用 20 μm 孔径滤膜进行预过滤）；推荐每张滤膜过滤水体积为 1 L。过滤水体积可视水环境现状作改变，当水环境澄清、透明度较高时，生物密度一般较低，宜适当增加滤膜滤水量；水体藻类明显较多时（如藻华暴发期），滤膜容易堵孔，宜酌情减少滤膜过滤水量，同时增加样点的滤膜数量；当水体泥沙/颗粒物较多时，应静置后过滤，过滤条件参考藻华暴发期的过滤方法。

沉积物样品采集：先将沉积物表面明显的生物个体去除，用小铲子刮取整个样框面积中约 2 cm 厚的表层泥，混匀后取部分（约 100 g）沉积物放入无菌取样袋中保存。

A.1.2 样品保存

样品的最优保存条件为低温（液氮或−80℃）保存。如不满足以上条件，滤膜可先加入 RNA late 保存液−4℃暂存，沉积物可−20℃暂存，后应尽快转移到−80℃保存。

A.2 环境 DNA 提取

将滤膜剪碎放置于 2 mL 研磨管中，DNA 提取可以使用 CTAB 或传统酚-氯仿法，也可以利用试剂盒提取。

DNA 最佳浓度为 10～100 ng/μL，最低浓度应不低于 1 ng/μL，OD 260 nm/OD 280 nm 应在 1.7～2.0 内，OD 260 nm/OD 230 nm 应大于 2.0。DNA 样品在−20℃及以下温度条件保存，避免反复冻融。

A.3 宏条形码扩增测序

A.3.1 引物选择

针对不同生物类群选择不同的一对或者多对特异性引物扩增目标条形码序列。推荐引物见附件 A-1，扩增记录表参照附件 A-2。用核酸定量荧光计对 PCR 产物进行定量，产物浓度应大于 2 ng/μL。

A.3.2 文库构建

文库构建参照 GB/T 30989，并根据当前升级的技术实时调整。

A.3.3 高通量测序

高通量测序参照 GB/T 30989，并根据当前升级的技术实时调整。

A.4 宏条形码数据分析

A.4.1 数据处理

（1）对下机数据进行初步筛查，reads 数一般不低于 5 万条，低于 5 万条需进行数据加测。

（2）使用 QIIME2（https：//qiime2.org/）去除接头和 barcode 序列。

（3）过滤嵌合体序列、引物结合体和低质量序列。

A.4.2 OTU 生成与聚类

（1）ASV 方法：使用去噪工具 DADA2（https://github.com/benjjneb/dada2）等进行操作，去噪过程中不需要设定聚类阈值。将原始序列映射到每个 ASV 上，获得每个 ASV 在每个样品中出现的丰度（推荐使用 ASV 方法，若条件不允许，可使用 OTU 方法）。

（2）OTU 方法：通过相似性聚类算法将具有高度相似性的序列聚类成 OTU 序列，聚类阈值设定为 97%，推荐算法工具为 UPARSE（http://drive5.com/uparse/）或 VSEARCH（https://github.com/torognes/

vsearch），并通过该工具获得每个样品、每个 OTU 序列的相对丰度。

A.4.3 序列比对与物种注释

将分子分类单元（ASV 或 OTU）的代表序列与条形码数据库进行比对分析，获得物种注释信息。注释信息至少包含物种分类学信息（门、纲、目、科、属、种名称）及代表序列与参考序列比对的覆盖度和相似度。不同的生物类群采用不同的相似性阈值，鱼类和底栖生物相似度高于 99%视为有效注释。鱼类和底栖生物鉴定推荐用环境 DNA 数据库（http://aedna.ihb.ac.cn/home/）。注释软件可利用 QIIME2 子程序 feature-classifier 对数据库训练后生成分类器，然后依据分类器利用 QIIME2 子程序 classify-sklearn 进行物种注释；同时，也可以利用 BLAST（https://blast.ncbi.nlm.nih.gov/Blast.cgi）子程序 makeblastdb 构建数据库索引后，利用 blastn 进行核酸水平的比对后注释物种。

A.4.4 物种相对丰度计算

可利用 QIIME2 子程序 feature-classifie 计算每个 OTU 的 reads 覆盖数目和相对丰度，也可以用 BWA（https://github.com/lh3/bwa）将宏条形码原始数据映射到参考 OTU 上，再利用 samtools（https://github.com/samtools/samtools）转换输出格式和计算每个 OTU 的 reads 覆盖数目和相对丰度。

附件 A-1　宏条形码参考引物序列列表

目标类群	基因名称	引物名称	引物序列（5′-3′）	参考文献
鱼类	12S rRNA	MiFish-F	GTYGGTAAAWCTCGTGCCAGC	Miya et al.，2015
		MiFish-R	CATAGTGGGGTATCTAATCCYAGTTTG	
	Ac12S	Ac12S-F	ACTGGGATTAGATACCCCACTATG	《淡水水生生物环境DNA监测技术指南》（征求意见稿）
		Ac12S-R	GAGAGTGACGGGCGGTGT	
	AcMDB	AcMDB-F	GCCTATATACCGCCGTCG	
		AcMDB-R	GTACACTTACCATGTTACGACTT	
真核浮游植物/真核着生藻类	18S V9	18S V9-F	TCCCTGCCHTTTGTACACAC	
		18S V9-R	CCTTCYGCAGGTTCACCTAC	
大型底栖生物	18S V4	Uni18S	AGGGCAAKYCTGGTGCCAGC	Zhan et al.，2013
		Uni18SR	GRCGGTATCTRATCGYCTT	
	COI	mlCOlintF	GGWACWGGWTGAACWGTWTAYCCYCC	《淡水水生生物环境DNA监测技术指南》（征求意见稿）
		jgHC02198	TANACYTCNGGRTGNCCRAARAAYCA	
微/小型底栖生物	18S V4	EukF	CCAGCA（G/C）C（C/T）GCGGTAATTCC	Stoeck et al.，2010
		EukR	ACTTTCGTTCTTGAT（C/T）（A/G）A	

附件 A-2　宏条形码扩增记录

实验单位：		实验日期：
操作人：		校对人：
DNA 样品数：		
DNA 提取批次：		扩增批次：
PCR 重复数目：	反应体积：____ μL	PCR 引物名称：
PCR 上游引物序列（5′-3′）		
PCR 下游引物序列（3′-5′）		
预期扩增长度：	PCR 聚合酶：	退火温度（℃）：
循环数：	阴性对照结果：	阳性对照结果：
琼脂糖凝胶电泳图：		

注：琼脂糖凝胶电泳图应作为附件保存，并标记清楚样品编号

附录 B 调查统计表

附件 B-1 水环境调查表

序号	调查站位	站位编号	经度	纬度	调查日期	水深	采样层次	采样深度	水温	透明度	色度	pH	盐度	溶解氧	化学需氧量	活性磷酸盐	亚硝酸盐氮	硝酸盐氮	氨氮	石油类	叶绿素 a	总氮	总磷
						m		m	℃	m	号		‰	mg/L	mg/L	mg/L	mg/L	mg/L	mg/L	mg/L	μg/L	mg/L	mg/L

填表说明：

1. 经度和纬度采用度表示，小数点后保留六位。
2. 日期采用 yyyy-mm-dd 格式。
3. 采样层次按照水样采集的表层、中层、底层填写。

测定人：__________ 记录人：__________ 校对人：__________

附件 B-2　沉积物调查表

序号	调查站位	站位编号	经度	纬度	调查日期	水深	采样深度	pH	底温	容重	粒度	含水率	总氮	总磷	硫化物	有机碳	总汞	镉	铅	铜	砷	铬	锌	石油类
						m	cm		℃	g/cm³	%	%	mg/kg	mg/kg	mg/kg	mg/kg	mg/kg	mg/kg	mg/kg	mg/kg	mg/kg	mg/kg	mg/kg	mg/kg

填表说明：

1. 经度和纬度采用度表示，小数点后保留六位。
2. 日期采用 yyyy-mm-dd 格式。

测定人：________　记录人：________　校对人：________

附件 B-3 浮游植物调查表

序号	调查站位	站位编号	经度	纬度	调查日期	水深	拖网型号	绳长	滤水量	类群					生物种中文名	生物种拉丁名	生物密度
						m		m	m^3	门	纲	目	科	属			个/m^3

填表说明：

1．经度和纬度采用度表示，小数点后保留六位。

2．日期采用 yyyy-mm-dd 格式。

3．按照具体调查采样方式填写拖网型号。

鉴定人：________　记录人：________　校对人：________

附件 B-4　浮游植物统计表

序号	调查站位	站位编号	经度	纬度	物种数/个				
					春季	夏季	秋季	冬季	全年
总物种数/个									
平均单站物种数/个									

填表说明：

经度和纬度采用度表示，小数点后保留六位。

记录人：________________　　　　校对人：________________

附件 B-5 浮游动物调查表

序号	调查站位	站位编号	经度	纬度	调查日期	水深	拖网型号	绳长	滤水量	类群					生物种中文名	生物种拉丁名	密度	生物量
						m		m	m^3	门	纲	目	科	属			个/m^3	mg/m^3

填表说明：
1. 经度和纬度采用度表示，小数点后保留六位。
2. 日期采用 yyyy-mm-dd 格式。
3. 按照具体调查采样方式填写拖网型号。

鉴定人：________ 记录人：________ 校对人：________

附件 B-6　浮游动物物种数统计表

序号	调查站位	站位编号	经度	纬度	物种数/个				
					春季	夏季	秋季	冬季	全年
总物种数/个									
平均单站物种数/个									

填表说明：
经度和纬度采用度表示，小数点后保留六位。

记录人：________　　　　校对人：________

附件 B-7 浮游动物生物量统计表

序号	调查站位	站位编号	经度	纬度	生物量/（mg/m^3）				
					春季	夏季	秋季	冬季	全年
区域生物量/（mg/m^3）									

填表说明：

经度和纬度采用度表示，小数点后保留六位。

记录人：________ 校对人：________

附件 B-8　底栖生物调查表

序号	调查站位	站位编号	经度	纬度	监测日期	水深	底质类型	采泥器类型	采样次数	样方面积	样品厚度	类群					生物种中文名	生物种拉丁名	数量	密度	重量	生物量
						m				m^2	cm	门	纲	目	科	属			个	个/m^2	g	g/m^2

填表说明：

1．经度和纬度采用度表示，小数点后保留六位。
2．日期采用 yyyy-mm-dd 格式。
3．底质类型包括粉砂、黏土、泥、泥质砂、砂质泥等，具体参见 GB/T 42639 附录 A.1。
4．大型底栖生物、小型底栖生物生物量单位为 g/m^2，微型底栖生物生物量单位为μgC/cm^2。

鉴定人：＿＿＿＿＿＿＿＿　记录人：＿＿＿＿＿＿＿＿　校对人：＿＿＿＿＿＿＿＿

附件 B-9　底栖生物物种数统计表

序号	调查站位	站位编号	经度	纬度	物种数/个				
					春季	夏季	秋季	冬季	全年
总物种数/个									
平均单站物种数/个									

填表说明：

经度和纬度采用度表示，小数点后保留六位。

记录人：________　　　　校对人：________

附件 B-10　底栖生物生物量统计表

序号	调查站位	站位编号	经度	纬度	生物量/（g/m^2）				
					春季	夏季	秋季	冬季	全年
区域生物量/（g/m^2）									

填表说明：

1．经度和纬度采用度表示，小数点后保留六位。

2．大型底栖生物、小型底栖生物生物量单位为 g/m^2，微型底栖生物生物量单位为$\mu gC/cm^2$。

记录人：____________　　校对人：____________

附件 B-11　大型藻类/海草调查表

序号	调查站位	站位编号	经度	纬度	监测日期	水深	样方面积	样品厚度	类群					生物种中文名	生物种拉丁名	株高	叶长	叶宽	根茎长	茎节直径	茎节数目	数量	密度	重量	生物量
						m	m^2	cm	门	纲	目	科	属			cm	cm	cm	cm	cm	个	个	个/m^2	g	g/m^2

填表说明：

1．经度和纬度采用度表示，小数点后保留六位。

2．日期采用 yyyy-mm-dd 格式。

鉴定人：______________　记录人：______________　校对人：______________

附件 B-12 游泳动物调查表

序号	调查站位	站位编号	经度	纬度	调查日期	水深/m	网型	拖速/kn	拖网时间/min	拖网宽度/m	类群					生物种中文名	生物种拉丁名	重量/g	数量/尾	生物量/（kg/km^2）	生物密度/（个/km^2）
											门	纲	目	科	属						

填表说明：

1. 经度和纬度采用度表示，小数点后保留六位。
2. 日期采用 yyyy-mm-dd 格式。

鉴定人：__________ 记录人：__________ 校对人：__________

附件 B-13　游泳动物物种数统计表

序号	调查站位	站位编号	经度	纬度	物种数/个				
					春季	夏季	秋季	冬季	全年
总物种数/个									
平均单站物种数/个									

填表说明：
经度和纬度采用度表示，小数点后保留六位。

记录人：__________　　校对人：__________

附件 B-14 游泳动物生物量统计表

序号	调查站位	站位编号	经度	纬度	生物量/（g/m^2）				
					春季	夏季	秋季	冬季	全年
区域生物量/（g/m^2）									

填表说明：

经度和纬度采用度表示，小数点后保留六位。

记录人：________ 校对人：________

附件 B-15 渔获物统计记录表

调查站位			站位编号		
经度			纬度		
采集方法/工具			采集日期		
总渔获物量/kg			样品量/kg		
种类组成					
中文名	拉丁学名	当地俗名	体长/mm	体重/g	鱼龄

填表说明：

经度和纬度采用度表示，小数点后保留六位。

鉴定人：________________　记录人：________________　校对人：________________

附件 B-16　鱼卵调查表

序号	调查站位	站位编号	经度	纬度	调查日期	水深	绳长	滤水量	类群					生物种中文名	生物种拉丁名	发育阶段	卵径	数量	密度
						m	m	m^3	门	纲	目	科	属				mm	个	个/m^3

填表说明：
1. 经度和纬度采用度表示，小数点后保留六位。
2. 日期采用 yyyy-mm-dd 格式。

鉴定人：＿＿＿＿＿＿　记录人：＿＿＿＿＿＿　校对人：＿＿＿＿＿＿

附件 B-17 仔稚鱼调查表

序号	调查站位	站位编号	经度	纬度	调查日期	水深	绳长	滤水量	类群					生物种中文名	生物种拉丁名	发育阶段	体长	数量	密度
						m	m	m^3	门	纲	目	科	属				mm	尾	尾/m^3

填表说明：

1．经度和纬度采用度表示，小数点后保留六位。

2．日期采用 yyyy-mm-dd 格式。

鉴定人：______________ 记录人：______________ 校对人：______________

附件 B-18 微生物调查表

序号	调查站位	站位编号	经度	纬度	调查日期	底质类型	类群					生物种中文名	生物种拉丁名	每克样品中含有的菌落总数
							门	纲	目	科	属			CFU

填表说明：

1. 经度和纬度采用度表示，小数点后保留六位。
2. 日期采用 yyyy-mm-dd 格式。
3. 底质类型包括粉砂、黏土、泥、泥质砂、砂质泥等，具体参见 GB/T 42639 附录 A.1。

鉴定人：________ 记录人：________ 校对人：________

附件 B-19 草本植被调查表

序号	调查站位	站位编号	经度	纬度	监测日期	类群					生物种中文名	生物种拉丁名	样方面积	高度	频度	单个物种盖度	单个物种密度	样方草本植物的总盖度	样方草本植物的生物量
						门	纲	目	科	属			m^2	cm	%	%	株/m^2	%	g/m^2

填表说明：

1．经度和纬度采用度表示，小数点后保留六位。

2．日期采用 yyyy-mm-dd 格式。

鉴定人：________　记录人：________　校对人：________

附件 B-20 木本植被调查表

序号	调查站位	站位编号	经度	纬度	调查日期	类群					生物种中文名	生物种拉丁名	样方面积	高度	平均冠幅	胸径度	样方灌木植物的总盖度	单个物种密度	单个物种生物量
						门	纲	目	科	属			m^2	cm	cm	cm	%	株/m^2	g/m^2

填表说明：

1．经度和纬度采用度表示，小数点后保留六位。

2．日期采用 yyyy-mm-dd 格式。

鉴定人：________ 记录人：________ 校对人：________

附件 B-21　湿地土壤调查表

序号	调查站位	站位编号	经度	纬度	调查日期	土壤容重	粒度	盐分	总碳	有机碳	总氮	总磷	铵态氮	硝态氮	总汞	镉	锌	铅	铜	砷	铬
						g/cm^3	%	us/cm	mg/kg	mg/kg	mg/kg	mg/kg	mg/kg	mg/kg	mg/kg	mg/kg	mg/kg	mg/kg	mg/kg	mg/kg	mg/kg

填表说明：
1. 经度和纬度采用度表示，小数点后保留六位。
2. 日期采用 yyyy-mm-dd 格式。

测定人：________　记录人：________　校对人：________

附件 B-22 环境 DNA 鉴定结果统计表

序号	调查站位	站位编号	经度	纬度	调查日期	样品名称	样品性质（水样/沉积物样）	扩增的引物名称	DNA 特征序列	生物类别（底栖/鱼类等）	门	纲	目	科	属	种

填表说明：
1. 经度和纬度采用度表示，小数点后保留六位。
2. 日期采用 yyyy-mm-dd 格式。

测定人：______ 记录人：______ 校对人：______

附件 B-23　生物标本统计清单表

序号	调查站位	站位编号	经度	纬度	调查日期	生物类别（大型底栖、游泳、湿地植物等）	中文名	拉丁名	标本数量	标本号	采集者	鉴定者

填表说明：

1．经度和纬度采用度表示，小数点后保留六位。

2．日期采用 yyyy-mm-dd 格式。

记录人：＿＿＿＿＿＿＿＿　　　　校对人：＿＿＿＿＿＿＿＿

附件 B-24　鸟类调查统计表

序号	调查站位	站位编号	经度	纬度	调查日期	成体/幼体	雌/雄	中文名	拉丁名	温度	天气	生境类型	调查方法	观测者	鉴定者

填表说明：

1．经度和纬度采用度表示，小数点后保留六位。

2．日期采用 yyyy-mm-dd 格式。

3．生境类型：灌木、草甸、水田等，具体参见 HJ 710.4 附录 F。

4．调查方法按照实际调查方法填写，具体参见 HJ 710.4 附录 A～附录 E。

记录人：________________　　　　校对人：________________

附件 B-25 哺乳类调查统计表

序号	调查站位	站位编号	经度	纬度	调查日期	成体/幼体	雌/雄	中文名	拉丁名	温度	天气	调查方法	观测者	鉴定者

填表说明：

1．经度和纬度采用度表示，小数点后保留六位。

2．日期采用 yyyy-mm-dd 格式。

3．调查方法按照哺乳动物（调查问卷、实地观测等）实际调查方法填写。

记录人：__________ 校对人：__________

附件 B-26 爬行动物调查统计表

序号	调查站位	站位编号	经度	纬度	调查日期	中文名	拉丁名	标本数量	调查方法	采集者	鉴定者

填表说明：

1. 经度和纬度采用度表示，小数点后保留六位。
2. 日期采用 yyyy-mm-dd 格式。
3. 调查方法按照爬行动物（调查问卷、实地观测等）实际调查方法填写。

记录人：________________ 校对人：________________

附件 B-27 图谱统计表

拉丁名	中文名	门	纲	目	科	属	种	形态	习性	生长环境	主要分布	生态价值	图片	图片来源

填表说明：

1．图片以物种中文名命名，同一物种多张图片需要标注编号并用逗号与中文名分隔开。

2．图片来源需明确拍摄人员名称，如来自网络则需备注出处。

记录人：______________　　　　校对人：______________